世界航母、舰载机图鉴

The AIRCRAFT CARRIERS & NAVALIZED AIRCRAFTS of the world

[日] 坂本明 著 陈广琪 译

机械工业出版社
CHINA MACHINE PRESS

航母是一种以舰载机为主要作战武器的大型水面舰船，是现代海军不可或缺的尖兵利器，也是一个国家综合国力的象征。本书选取美国、俄罗斯、英国、意大利、西班牙、日本等国家的航母和舰载机，通过300余张精心绘制的解析图及实景照片，让读者从这些武器装备的出现与发展演变来理解多种航母和舰载机的设计理念、主体结构及性能特点。本书内容严谨翔实，图片精美丰富，适合广大军事爱好者阅读和收藏，也适合作为青少年学生的课外科普读物。

Saikyou Sekai no Kuubo Kansaiki Zukan
© Gakken
First published in Japan 2017 by Gakken Plus Co., Ltd., Tokyo 9
Simplified Chinese translation rights arranged with Gakken Plus Co., Ltd.
through Future View Technology Ltd.

北京市版权局著作权合同登记　图字：01-2020-4864号。

图书在版编目（CIP）数据

世界航母、舰载机图鉴 /（日）坂本明著 ；陈广琪译. -- 北京 : 机械工业出版社, 2024. 9. -- ISBN 978-7-111-76308-6

Ⅰ. E925.671-64；E926.392-64

中国国家版本馆CIP数据核字第20240FE841号

机械工业出版社（北京市百万庄大街22号　邮政编码100037）
策划编辑：韩伟喆　苏　洋　　责任编辑：韩伟喆　苏　洋
责任校对：王荣庆　梁　静　　责任印制：张　博
北京利丰雅高长城印刷有限公司印刷
2024年9月第1版第1次印刷
145mm×210mm·6.75印张·3插页·238千字
标准书号：ISBN 978-7-111-76308-6
定价：68.00元

电话服务　　　　　　　　　　网络服务
客服电话：010-88361066　　机 工 官 网：www.cmpbook.com
　　　　　010-88379833　　机 工 官 博：weibo.com/cmp1952
　　　　　010-68326294　　金 书 网：www.golden-book.com
封底无防伪标均为盗版　机工教育服务网：www.cmpedu.com

前言 PREFACE

　　世界上第一艘服役的航母（航空母舰）是 1916 年加入英国海军舰队的"卡帕尼亚"号。进入第二次世界大战之后，航母取代了战列舰成为海战的主力，甚至发生了人类历史上第一次航母对决。第二次世界大战结束后，大型喷气式舰载机成了主流，受此影响，航母也出现了天翻地覆的变化。到了 1961 年，美国海军核动力航母"企业号"问世，其后的尼米兹级航母也在 1975 年服役，它可以说是当时人类所催生的最顶级巨舰、最强大的战斗系统。到了 2017 年，随着美国最新型航母"福特"号（"杰拉德·R. 福特"号）开始服役，舆论认为世界迈入新一轮航母下水热点时期。

　　本书将航母与舰载机从问世伊始到今天为止一百多年的历程呈现给读者，力图用通俗易懂的方式阐明历经第一次世界大战、第二次世界大战和冷战，航母和舰载机如何一步步成为顶级武器系统的经过。如果本书能成为读者理解航母和舰载机的契机，我将倍感荣幸。

坂本明

美国海军最新舰载机 F-35C "闪电Ⅱ"

目录 CONTENTS

前言

第1章 航母问世　　CHAPTER 1

- 01　英国航母　　世界上第一艘航母起源于水上飞机母舰 ………… 10
- 02　日本航母　　首艘以航母身份问世的"凤翔"号 ………………… 12
- 03　美国航母　　运煤船改造的航母"兰利"号 …………………… 14

第2章 第二次世界大战中的航母与舰载机　　CHAPTER 2

- 01　千奇百怪的外形　　历经百般试错的早期航母 ………………… 18
- 02　舰体结构　　现代航母的雏形"皇家方舟"号的结构 ………… 20
- 03　航母的用途　　取代战列舰成为主力 …………………………… 22
- 04　舰内主要设备（1）　　航母的生命源泉——动力舱 …………… 24
- 05　舰内主要设备（2）　　大型舰艇专用涡轮 ……………………… 26
- 06　舰内主要设备（3）　　高危险性航空燃料槽 …………………… 28
- 07　美国航母起降（1）　　舰载机滑行起飞 ………………………… 30
- 08　美国航母起降（2）　　舰载机弹射起飞 ………………………… 32
- 09　美国航母起降（3）　　油压式弹射器的结构 …………………… 34
- 10　美国航母起降（4）　　指挥飞行员的着舰信号官 ……………… 36
- 11　日本航母起降（1）　　如何获得起飞所需的逆风 ……………… 38
- 12　日本航母起降（2）　　舰载机着舰 ……………………………… 40
- 13　日本航母起降（3）　　曾经领先世界的着舰指示灯 …………… 42
- 14　99式舰载轰炸机　　日本的支柱机型 …………………………… 44
- 15　97式舰载攻击机（1）　　对地/海目标实施水平轰炸 ………… 46
- 16　97式舰载攻击机（2）　　一击制敌的鱼雷攻击 ………………… 48
- 17　零式舰载战斗机（1）　　零式战斗机机动性的秘密 …………… 50

18	零式舰载战斗机（2）	空战中如何进行战术协同	52
19	日本飞行员的装备	航空帽、航空镜、电热坎肩	54
20	F6F"地狱猫"	以动力和速度见长的零式战斗机对手	56
21	F4U"海盗"（1）	以倒鸥型机翼闻名的优秀战斗机	58
22	F4U"海盗"（2）	集轰炸、攻击、空战于一身	60
23	SBD 无畏式（1）	为美军胜利做出贡献的侦察轰炸机	62
24	SBD 无畏式（2）	命中精度极高的反舰俯冲轰炸	64
25	TBF"复仇者"	可兼具轰炸功能的美军主力鱼雷机	66
26	美国飞行员装备（1）	满足南太平洋作战要求的装备	68
27	美国飞行员装备（2）	极为完备的野外求生装备	70
28	"剑鱼"式鱼雷机	宝刀未老的旧式鱼雷机	72
29	英国飞行员装备	身穿制服开飞机的飞行员们	74
30	美国海军的战术	击败日军的法宝——体系作战	76
31	航母的防空武器（1）	航母防御系统的各种火炮	78
32	航母的防空武器（2）	美军秘密武器近炸引信的威力	80
33	美国航母部队的战斗队形	以航母为中心的环形舰阵	82
34	航母雷达（1）	舰载雷达兼具搜索及射击指挥功能	84
35	航母雷达（2）	两种防空雷达协同下的防空战斗	86
36	航母雷达（3）	日本未能有效利用舰载雷达	88

第3章 现代航母与舰载机　　CHAPTER 3

01	二战之后的航母	实现喷气式战斗机上舰的三大发明	92
02	早期蒸汽弹射器（1）	能应对喷气战斗机的新型弹射器	94
03	早期蒸汽弹射器（2）	可释放油压弹射器数倍能量的蒸汽弹射器	96
04	早期蒸汽弹射器（3）	利用水蒸气的压力加速、弹射舰载机	98
05	斜角飞行甲板	喷气式舰载机不可或缺的变革	100
06	拦阻索系统	二战后依旧盛行的着舰拦阻系统	102
07	光学助降系统	帮助喷气式舰载机安全降落	104
08	福莱斯特级重型航母（1）	梦幻航母"美国"号	106

09	福莱斯特级重型航母（2）	美国海军航母吨位的标准	108
10	喷气式舰载机的发展	二战导致喷气式舰载机发展滞后	110
11	F9F"黑豹"／"美洲狮"	支撑喷气式舰载机发展的战斗机家族	112
12	世界第一艘核动力航母	美国海军"企业"号	114
13	核动力装置	核动力航母的优点	116
14	现代航母的布局（1）	基本布局以福莱斯特级为蓝本	118
15	现代航母的布局（2）	细节不同的尼米兹级核动力航母	120
16	蒸汽弹射（1）	2.5秒内完成重型舰载机加速	122
17	蒸汽弹射（2）	蒸汽弹射器周边设备	124
18	蒸汽弹射（3）	舰载机弹射步骤	126
19	航母甲板地勤人员（1）	"彩虹战队"队员着装	128
20	航母甲板地勤人员（2）	负责飞行作业指挥的士官们	130
21	航母甲板地勤人员（3）	着舰作业人员及其他成员	132
22	手势（1）	飞行员和甲板地勤之间的沟通方式	134
23	手势（2）	最原始却最有效的沟通方式	136
24	着舰指挥员	负责着舰指挥的六人小组	138
25	着舰拦阻装置（1）	拦阻系统	140
26	着舰拦阻装置（2）	着舰冲击力与对舰载机的要求	142
27	拦阻网	截停舰载机的最后一道拦阻装置	144
28	空管中心	对航母附近空域实施管制的控制中心	146
29	综合战术指挥中心	航母CDC与其他舰艇CIC的不同之处	148
30	航母设备（1）	除了停放之外还具有维修功能的机库	150
31	航母设备（2）	位置优化后的升降机	152
32	航母设备（3）	多种装备的栖身之所——弹药库	154
33	舰首结构	高强度封闭式舰首	156
34	航母舾装（1）	侧舷及舰尾附属设备	158
35	航母舾装（2）	飞行甲板越牢靠越好	160
36	航母舾装（3）	掌控航母的战斗及航海的舰桥建筑	162
37	航母舾装（4）	单舰防空武器	164
38	F-8"十字军战士"	以安全着舰为目标的舰载战斗机	166

39	A-6 "入侵者"	服役三十余年的著名攻击机	168
40	F-14 "雄猫"	以可变翼著称的舰队防空战斗机	170
41	鹞式	垂直/短距起降飞机的杰作	172
42	其他舰载机型	直升机及早期预警机	174
43	舰载机飞行员	如何成为海军飞行员	176
44	F/A-18 "超级大黄蜂"（1）	兼具攻击机功能的战斗机	178
45	F/A-18 "超级大黄蜂"（2）	紧急跳伞的利器——弹射椅（弹射座椅）	180
46	舰载机的攻击武器（1）	防区外攻击武器	182
47	舰载机的攻击武器（2）	空空导弹	184
48	舰载机的攻击武器（3）	反舰导弹与反雷达（反辐射）导弹	186
49	航母飞行队（1）	由多个飞行队构成的空中力量	188
50	航母飞行队（2）	执行攻击与防御任务的航母飞行部队	190
51	航海中队	驱动航母需要19个部门协同作业	192
52	航母舰长	管理5000多名乘员的重任	194
53	航母上的生活（1）	不同军衔的航母乘员的生活方式	196
54	航母上的生活（2）	如何保障航母的食品供应	198
55	俄罗斯航母	最具特色的"库兹涅佐夫海军上将"号	200
56	英国航母	已退役的无敌级轻型航母	202
57	意大利与法国航母	"朱塞佩·加里波第"号、"加富尔"号与"戴高乐"号	204
58	西班牙航母与日本舰艇	两栖攻击舰与直升机护卫舰	206

第4章　21世纪的航母与舰载机　CHAPTER 4

01	美国最新型航母	新型核动力航母"杰拉尔德·R.福特"号	210
02	英国最新航母	"伊丽莎白女王"号	212
03	F-35C	新一代舰载机F-35"闪电Ⅱ"	214

●编辑协作：RG团队（落合熊一、小林直树、沼田和人）

CHAPTER 1

第 1 章

航母问世

用船载飞机实施侦察或攻击,
这样的思路诞生于第一次世界大战之中,并催生了试验船型。
可惜受当时的技术条件限制,航母在发展成今天的形态前,
经历过无数次试错。
现在让我们一起看看早期的航母吧。

CHAPTER 1
01.

英国航母
世界上第一艘航母起源于水上飞机母舰

航空母舰（航母）外号"平顶船"，名如其形，它的主甲板为了便于飞机起降而做成了平面。不过，航母发展出今天的外形是经过了百般试错的成果。

使用舰船搭载飞机参与作战，这种思路诞生于第一次世界大战（简称"一战"）中的英国海军，目的在于实现飞机的海上起落，对敌舰艇展开侦察或轰炸，从而使己方舰队获得更加强大的攻击力。

▼水上飞机母舰"卡帕尼亚"号

由 1893 年下水的 13000 吨级冠达高速豪华客船改造的水上飞机母舰，于 1916 年入役英国舰队。最显著的特征是：俯视视角呈倒三角形排列的 3 根烟囱，飞机从机库出发经 3 根烟囱之间的通道抵达起飞甲板。甲板俯角为 5~7 度，长 69 米，可允许多架次飞机连续起飞。但是，该舰却没有降落甲板（飞机降落于海面后由吊车回收）。

水上飞机母舰"暴怒"号▶

由建造中的轻型巡洋舰改造而成的水上飞机母舰，最高速度 31 节（约 57 千米/时），最大特征是保留了船体中央部分的建筑物和烟囱，起飞甲板设置于舰体前方，降落甲板设置于舰体后方（最初只考虑了水上飞机的起降，因而只设置了前方的起飞甲板）。起飞甲板于降落甲板之间由下层通道连接，飞机着舰后经过通道送入起飞甲板下方的机库内。本舰的最大功绩是开创了双甲板水上飞机航母的运用模式。

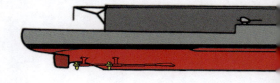

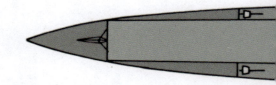

原本飞机海上起飞有两种构想，一种是陆军飞机（使用飞机起落架）直接从军舰上起飞，另一种是加装浮筒的水上飞机起飞方式（由吊车从海面上收放机体）。在当时的条件下，最具实用性的自然是后者，所以英国海军建造了"卡帕尼亚"号和"暴怒"号两艘水上飞机航母。其后不久，"暴怒"号发展成为世界第一艘真正意义的航母。

▲ 1917年8月，英国皇家海军飞行员埃德温·H.邓宁中校驾驶飞机成功降落在"暴怒"号上，同日第三次着舰时失事，机毁人亡。这次尝试证明了飞机降落航母的可行性，"暴怒"号后来在舰尾安装了着舰甲板，并利用原始的钢缆和拦阻钩等开发了最初的拦阻系统。

▲ 1922—1925年，"暴怒"号第二次改装后拆除舰体中央的舰桥部分和烟囱形成了全通甲板，甲板上的方形建筑是升降式驾驶台。此外，飞行甲板分为上下两层，上层为攻击机专用，下层为战斗机专用。

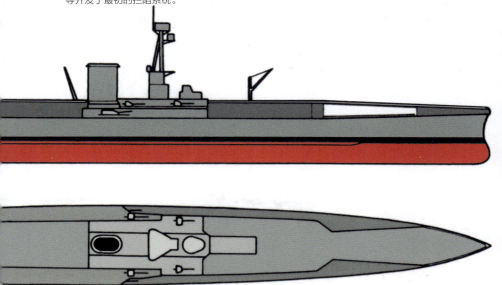

CHAPTER 1
02. 首艘以航母身份问世的"凤翔"号

日本航母

▼竣工时的"凤翔"号（1922 年）

仅次于美国海军"兰克"号，是全球第二艘使用起倒式烟囱的航母，并设有飞机着舰装置，但是起飞则靠飞机本身的动力。

着舰甲板 15.25 米　　斜角飞行甲板 76.25 米　　烟囱

▼改造后的"凤翔"号（1924 年）

撤销舰桥建筑（将舰桥隐藏于飞行甲板下方），将起倒式烟囱改为固定式横向烟囱。其全长 168 米，最大宽度 18.9 米，标准排水量 9500 吨，最大速度 25 节。

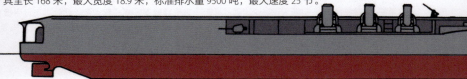

● "凤翔"号（改装前）的着舰装置

"凤翔"号飞行甲板沿着舰体中心线拉出多道拦阻索，飞机降落时从舰尾左右任何一方斜向下降，用尾勾挂住拦阻索后，沿着拦阻索滑行直至停止（通过挂钩与拦阻索的摩擦力抵消飞机冲力，其作用类似刹车）。这种拦阻索被称为纵向拦阻索，也是最简单的着舰装置，飞机上至少要安装 6~10 个挂钩。同时为了防止干扰飞机运行，右舷飞机甲板附近的烟囱为起倒式，飞机起降时必须放倒，向水平方向排烟。

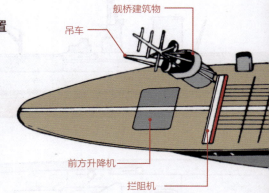

舰桥建筑物　吊车　前方升降机　拦阻机

世界上第一艘航母是英国开建的，但是中途改造成了其他舰种。

以航母设计动工⊖并首先完工的是"凤翔"号，在日本机动部队的初期担任主力舰，并在太平洋战争中参加了中途岛海战⊜。后来转为练习航母及运输舰继续发挥余热。

▶ 建造"凤翔"号期间，日本于 1921 年邀请了英国以森普林上校为团长的航空顾问团队进行了技术指导，以此敲定了飞行甲板的外形。首次在"凤翔"号完成着舰的飞行员是英国海军上尉乔鲁丹（其座机为三菱 10 式舰载战斗机）。

起飞甲板 33.5 米
倾斜角 7 度

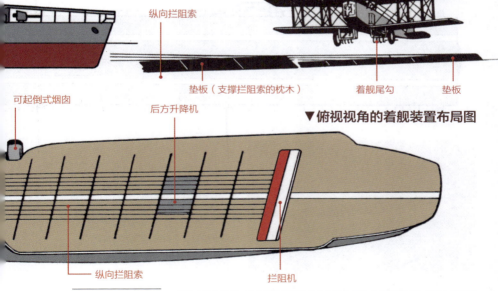

▼改进后飞行甲板视角的着舰装置布局图

纵向拦阻索　　垫板（支撑拦阻索的枕木）　　着舰尾勾　　垫板

▼俯视视角的着舰装置布局图

可起倒式烟囱　　后方升降机　　纵向拦阻索　　拦阻机

⊖ 以航母设计动工：指非改装的航母，首先按航母设计动工的是英国的"竞技神"号，不过"凤翔"号先期完工。

⊜ 中途岛海战：1942 年 6 月，进入太平洋战争之后，"凤翔"号已经属于老旧型号航母，因此未能实际参战。

CHAPTER 1

03. 美国航母

运煤船改造的航母"兰利"号

美国海军首艘航母⊖"兰利"号于 1920 年下水,由煤炭运载船"朱庇特"号改造而成,直接利用了原第 2、3、5、6 舱作为机库使用,在

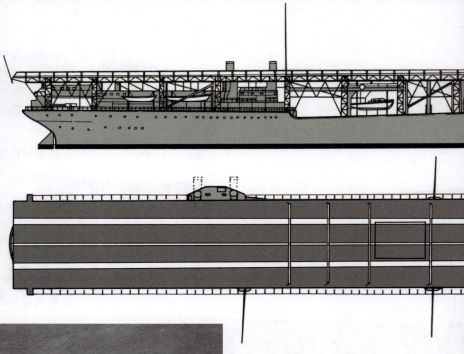

◀ 飞行甲板上搭载飞机、航行中的"兰利"号。舰载机酷似波音 F8 战斗机。"兰利"号于 1922 年 10 月由维吉尔·C.格里芬中尉首次驾驶 VE-7 教练机完成起飞,9 天后由戈德弗雷·谢瓦利埃少校完成着舰。

⊖ 美国海军首艘航母:1910 年 11 月在轻型巡洋舰"伯明翰"号的前甲板上加装临时跑道,柯蒂斯推进式双翼机在跑道上成功起飞,并于 1911 年 1 月成功着舰(均为柯蒂斯公司的试飞员尤金·伊利驾机)。虽然美国在航母验证实验中取得了不少成果,但是航母开发(甚至包括水上飞机航母)的进度却极为缓慢,直到看到英国的"暴怒"号和"阿戈斯"号的战绩后才开始付诸行动。

主甲板与飞行甲板之间安装了天井吊车,用于飞机保养、转移空间等,尽可能直接利用船体原本的空间结构。结果导致"兰利"号成了一艘飞机从机库转移至飞行甲板需要借助吊车才能进入升降机的尴尬航母。

1922 年 3 月服役的"兰利"号于 1924 年加入了美国太平洋舰队,到了 1936 年经改造后成为飞行员训练舰。

● USS"兰利"号(CV-1)

全长 165.2 米,最大宽度 19.9 米,排水量 11500 吨,最大速度 15 节,武器装备包括 4 门 15 英寸㊀火炮,舰载机 55 架。

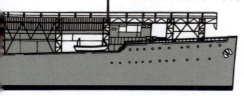

● "兰利"号配置

❶ 舰桥及船舵室　❷ 天井吊车　❸ 天井吊车　❹ 医务室　❺ 士官室　❻ 士兵宿舍　❼ 水槽　❽ 动力室(锅炉推动涡轮产生电力,再由电力推动螺旋桨)　❾ 锅炉室　❿ 机库　⓫ 机库　⓬ 升降机动力室　⓭ 弹药库　⓮ 机库　⓯ 机库　⓰ 航空燃料槽　⓱ 航空燃料槽

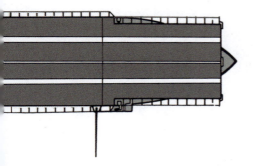

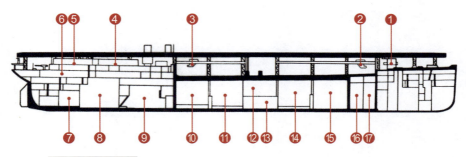

㊀　1 英寸≈ 25.4 毫米。

CHAPTER 2

第 2 章
第二次世界大战中的航母与舰载机

在第二次世界大战中,航母取代了原本被信奉成顶级武器的战列舰而成为主战武器。这种戏剧性变化现象被称为范式转换,战列舰很快便退出了历史舞台,舰载机航母时代来临。本章展示在第二次世界大战中航母与舰载机的战绩与发展。

CHAPTER 2

01. 历经百般试错的早期航母 —— 千奇百怪的外形

● 飞行甲板的形态

以下插图是 20 世纪 20 年代后改装的航母甲板代表例。

- 美国的"列克星敦"号是在巡洋舰的甲板上增加了飞行甲板,下方是机库。插图中未能展现的是飞行甲板右舷中央部位的舰桥建筑物和烟囱,这种配置方式被称为"舰岛"型配置。
- 英国航母"暴怒"号,除飞行甲板下方设有机库之外,飞行甲板本身约四分之三的部分也改造成了机库,上方还新增了另一层类似甲板顶盖似的飞行甲板,也就是常说的双层甲板。上方的机库前部并非全封闭式,便于战斗机紧急起飞迎敌。
- "赤城"号是拥有三层飞行甲板,类似阶梯式结构的航母⊖,其中第二层飞行甲板兼具机库功能,由于滑行距离不足以满足起飞的要求,1938 年经过近现代化改造⊜后的"赤城"号延长了主飞行甲板,并封闭了第二、三层作为机库使用。

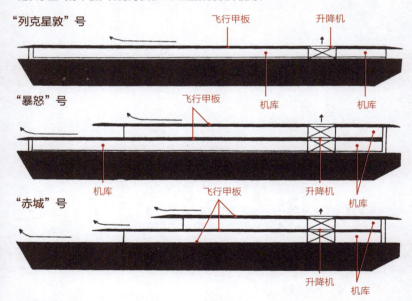

⊖ 阶梯式结构的航母:"加贺"号航母也拥有相同外形。随着舰载机起飞速度的提高,需要更长的跑道,导致飞行甲板的长度不足,所以日本独特的阶梯式结构的航母逐渐失去了实用性。

⊜ 近现代化改造:通过改造将舰桥移至左舷中央部位,而日本拥有左侧舰桥的航母只有"赤城"号和"飞龙"号两舰。

20世纪20~40年代,对于新型舰种航母的应用还未能成形,列强各国却争相投入航母建造竞赛。早期航母在作战思路和形态方面还没有明确的定义,各国对于航母要求也不尽相同,催生出了千奇百怪的航母。

1927年前后新舰海试时的"赤城"号,巨大的曲形烟囱正在排放废气。由天城型巡洋舰改装的"赤城"号拥有3层阶梯状飞行甲板,下方是双层机库,加装了密闭式防护装甲。

● 航母史上不可或缺的"贝亚恩"号

法国海军战舰诺曼底级第5号舰,受第一次世界大战后的《华盛顿海军条约》(1921年11月至1922年2月)的制约而改造成了法国第一艘航空母舰。虽然总体上很不起眼,但是已经具备了与现代航母共通的以下特征。

- 双层舰桥与烟囱一体化的舰岛,为保持平衡飞行甲板右舷前端向外延伸。设置了30个大型进气口将空气送入排烟道,从而稀释排烟浓度,并采用喷水式煤烟冷却装置(防止动力排烟影响舰载机起降的设备)再次削弱排烟浓度。
- 拦阻系统包括3套滑动式缓释钢缆拦阻设备,与舰体呈垂直方式布设3道拦阻索。
- 石棉材质的防火门将机库内部划分成舰载机组装区和维修区,在防范火灾方面采取了一定的措施。

全长182.6米,最大宽幅35.2米,标准排水量22 146吨,可搭载40架飞机。

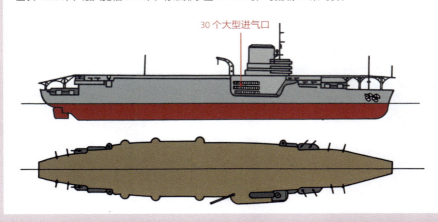

CHAPTER 2

舰体结构

现代航母的雏形"皇家方舟"号的结构

1938年服役的英国海军"皇家方舟"号,可以说是《第二次伦敦海军条约》框架下(22000吨)的顶级中型航母,是一艘结构独特性能良好的航母。在1941年5月追击德国军舰"俾斯麦"号的行动,它的剑鱼式舰载鱼雷轰炸机用鱼雷取得了战果。同年11月,"皇家方舟"号被德国U型潜艇用鱼雷击沉。

● 航母船体结构比较

与同一时代建造的日本"飞龙"号相比,"皇家方舟"号的船体结构特色一目了然。船身如同一个漂浮在海面上的密封盒子,最顶部是主甲板,而两个侧舷面承受了整个航母的最大负荷,因此主甲板必须能经得住来自两侧的应力,所以主甲板往往会采用高强度材料。美国和日本开发的航母机库甲板为高强度甲板,机库上方另设飞行甲板,利用滑动门与外部隔离,并未设置侧面壁板,形成一个全通式空间。

与此不同的是,"皇家方舟"号的船体更大,主甲板直接充当飞行甲板,船体内部设有双层密封式机库。"飞龙"号的构造有利于救火,而"皇家方舟"号更利于保护舰载机。

作为避免战损的对策,"皇家方舟"号直接将飞行甲板当作高强度甲板,尽可能减少舰首、舰尾、侧舷的开口,成功降低了飞机的受损风险,同时这种结构与现代航母极为接近。

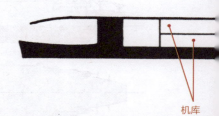

"皇家方舟"号 — 升降机
海适性较高的一体式舰首(侧舷与舰首一体式结构)
升降机
机库

"飞龙"号
机库

▲ 从"皇家方舟"号飞行甲板上起飞的剑鱼式舰载鱼雷轰炸机。其飞行甲板长 243.8 米（宽 29 米），舰长 243.83 米，最大宽度 28.88 米，最高速度 31 节，主发动机为蒸汽涡轮机。最显著的特征是飞行甲板前后的巨型凸出部位。

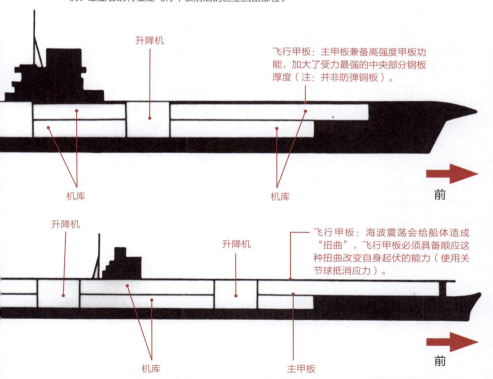

CHAPTER 2

航母的用途

取代战列舰成为主力

在太平洋战争之中，航母成了海军的主角。

然而在战前，各国海军迷信拥有超长射程主炮的战列舰才是海上霸主，也就是所谓的大炮巨舰主义，并以此推进自己的战舰建造计划。而航母则被列入了侦察、索敌、观测弹着点等飞机的母舰的范畴，也就是将航母定位成了辅助性船只。

就是这样不起眼的航母，最终成长为决定战争胜负的舰队主力自有其合理的地方。例如，"大和"号战列舰的46英寸主炮最大射程为42千米，而当时的美军舰载侦察轰炸机——SBD无畏式俯冲轰炸机，可以搭载454千克的炸弹飞行900千米并在对敌发起攻击后还能返航。其作战半径远远超过了战列舰的主炮射程不说，战列舰根本无法追上航母用主炮实施打击。更何况，击落来自高空发动攻击的舰载机的难度，要远远大于飞机攻击战舰的难度。

此外，美国海军的航母速度较高，能跟得上战列舰、巡洋舰等高速舰艇，在有效利用舰载机时的索敌能力远超对手的战列舰。

1941年12月，日本偷袭珍珠港引发了太平洋战争，这次行动中全方位展现出了海军航空兵的战斗能力，从而证明了航母的可能性。纵观整个太平洋战争，双方都以航母为舰队的核心力量编成机动部队，并爆发了航母编队之间的海上决战㊀。

开战初期美国海军并未体会到航母的重要性，但是整个太平洋战争期间就投入主力航母18艘（有不少是到了战争后期才完工或未能完工）。到了1945年，美国拥有了一支舰艇总数超过其他诸国之和的超强舰队。

㊀ 航母编队之间的海上决战：到今天为止的人类战史中，航母编队的决战只在日本海军和美国海军之间发生过。

▲ 1942年6月，在日美航母编队决战的舞台——中途岛海战中，遭到日本海军舰载机（从"飞龙"号起飞的攻击部队）轰炸而重伤起火的"约克城"号（后在海战中被击沉）。在这次海战中，损失了4艘航母及大量舰载机的日本海军失去了战争的主导权。

▲ 海试中的"大和"号战列舰，拍摄于1941年10月。战列舰原本是舰队决战的主心骨，在日本海军机动部队2个月后发动的偷袭珍珠港行动之后，被航母夺去了舰队主力的宝座。

CHAPTER 2

04. 舰内主要设备（1）

航母的生命源泉——动力舱

对于包括航母在内的军舰来说，动力舱是最重要的设备，它为全舰提供能源，推动舰体各单元顺利运转。当动力舱发生事故或遭到袭击而无法运转时，军舰自然也就失去了一切功能。如果在海中军舰处于停车状态，很有可能遭到敌人的致命打击。可以说动力舱就是军舰的生命之源。

那时的航母由锅炉产生的蒸汽推动涡轮带动螺旋桨，以这种方式获得动力。此外，诸如"列克星敦"号等部分军舰则采用涡轮发电装置获得电力推进力。但是，推动发电机的涡轮也离不开蒸汽动力，这一点倒是万变不离其宗。安装这些为航母提供动力的设备的地方就是动力舱，大体上可以分为锅炉房（锅炉室）和放置蒸汽涡轮和减速机的机械室两个区域。

设置这些区域时，还要考虑到机械故障或者遭遇敌方攻击时的水淹、火灾等问题，必须给每个独立的区域做好密封隔离。例如，美国海军的埃塞克斯级航母，为分散战损风险特意采用锅炉—锅炉—机械—锅炉—锅炉—机械交错布局，即使其中一套系统无法使用，依然能防止战损波及其他区域，用幸存的设备保证航母的运行机能。

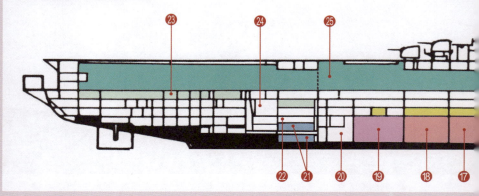

● 埃塞克斯级航母布局

此外，锅炉室和机械室可以采用并列布局，或者采用机械室在舰体中线上，锅炉室分列周围（两舷方向）等布局。

此外，航母不能只考虑锅炉室和机械室的布局，还要考虑排烟不得影响舰载机起降，必须对烟囱位置和机械室内的排气管道进行优化。

▲ 埃塞克斯级航母为提高蒸汽涡轮机废热的回收利用率，特地采用了小型直立烟囱，在整个第二次世界大战中埃塞克斯级航母成了美军航母当中舰桥建筑物最小的舰型。此外，同等级航母中锅炉数量超过约克城级的 9 座，达到了 12 座之多，自然输出功率也由 12 万马力[⊖] 提升至 15 万马力。

① 航空管制台 ② 航海舰桥 ③ 雷达室 ④ 5 英寸炮 ⑥ 锚链舱 ⑦ 拦阻索机械室
⑦ 升降机机械室及泵房 ⑧ 储藏室 ⑨ 润滑油及泵房 ⑩ 航空燃料槽 ⑪ 弹药库
⑫ 作战指挥中心（CIC） ⑬ 辅助设备室 ⑭ 锅炉室 ⑮ 锅炉室 ⑯ 机械室 ⑰ 锅炉室
⑱ 锅炉室 ⑲ 机械室 ⑳ 辅助设备室 ㉑ 航空燃料槽 ㉒ 炸弹库 ㉓ 舰员居住区
㉔ 鱼雷存放库 ㉕ 机库 ㉖ 烟囱

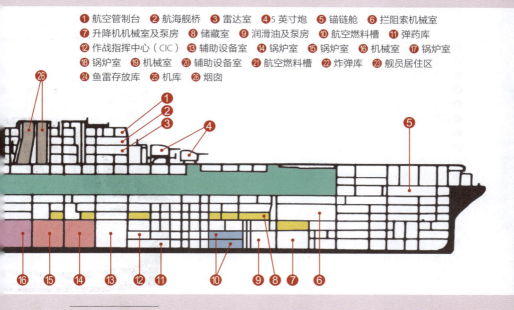

⊖ 1 马力 ≈ 735.5 瓦。

CHAPTER 2

05. 舰内主要设备（2）

大型舰艇专用涡轮

在船舶发动机中，蒸汽涡轮机效率最优，从航母问世就是首选动力源。

但是，加装蒸汽弹射装置后，大量用于发动机的蒸汽转用于弹射器，导致发动机功率下降，对航母的推

● **锅炉与涡轮（发动机）的结构**

常见的航母常规动力（蒸汽涡轮）发动机大体分为锅炉和涡轮（发动机主机）两个部分。通过燃烧重油使锅炉产生高压蒸汽，高压蒸汽经过高压涡轮和低压涡轮后转换为低压蒸汽，其中所消耗的能源转变成旋转动能。高压涡轮的高频率转数传导至低压涡轮后，调整成为复合螺旋桨要求的转数，最终成为航母的总和动力。此外，推动涡轮旋转的水蒸气在冷凝器重新凝结成水，进行循环使用。插图为前文提到的锅炉室和发动机室的结构布局图，航母等军舰上备有多台锅炉与涡轮，为避免部分设备出现战损或故障时航母整体失去动力，安装这些设备均实施了彻底隔离处理。纵观整个二战以及战后的常规动力航母，这种布局大体上未发生变化。

❶ 冷凝器（将推动涡轮旋转的水蒸气凝结成液态水后送回锅炉）
❷ 冷凝器管道（将液态水送回锅炉）
❸ 蒸汽管道（将锅炉产生的蒸汽送往涡轮机）
❹ 烟囱
❺ 锅炉（水管锅炉，生成推动涡轮旋转的蒸汽）
❻ 配重水槽
❼ 动力指挥所
❽ 高压涡轮（由锅炉蒸汽推动旋转的涡轮）
❾ 低压涡轮（利用高压涡轮的回收蒸汽旋转的涡轮）
❿ 减速机（降低转数符合螺旋桨臂的驱动要求）

在蒸汽涡轮内部，水 ➡ 锅炉 ➡ 蒸汽 ➡ 涡轮 ➡ 蒸汽 ➡ 冷凝器 ➡ 水循环周而复始，在水蒸气重新转化为水的阶段中，热损耗越小，功率输出效率也就越高，也就意味着燃料消耗率越理想。

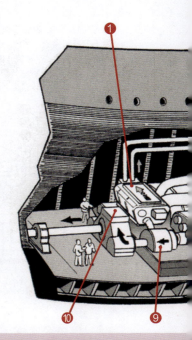

进速度造成影响。

据说，美国海军的蒸汽动力航母最快可以做到每分钟弹射一架飞机，需要消耗锅炉蒸汽总量的 20% 以上。

解决这个问题，只能在推进系统外，另行为弹射装置配置一套蒸汽发生系统。但是，为了制造大量的蒸汽，锅炉消耗的燃料也会大幅增加，因此作为最终解决方案，新一代核动力航母踏上了人类军事大舞台。

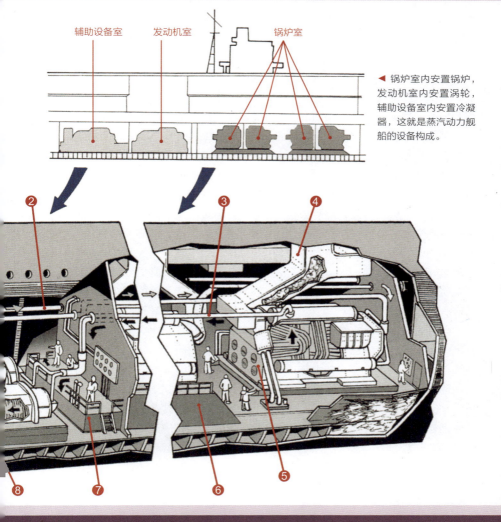

◀ 锅炉室内安置锅炉，发动机室内安置涡轮，辅助设备室内安置冷凝器，这就是蒸汽动力舰船的设备构成。

CHAPTER 2

06. 舰内主要设备（3）

高危险性航空燃料槽

对于航母来说，搭载数量众多的往复式活塞发动机舰载机就必须搭载足够的航空燃料，而航空燃料槽破损之后，船体内会充满大量的汽油蒸汽，无形中为航母带来了失火及爆炸的巨大隐患。

例如，在1942年5月的珊瑚海海战中，日本飞机投放的鱼雷命中美军航母"列克星敦"号，航空燃料槽损毁，泄漏出来的航空汽油蒸汽充满舰体，遭遇明火后发生大爆炸致使该舰彻底瘫痪，最终美军驱逐舰发射鱼雷击沉了"列克星敦"号。在1944年6月的马里亚纳海战中，日本"大凤"号同样遭到鱼雷袭击后航空燃料槽损毁，同样泄漏出大量的汽油蒸汽，最终引发了剧烈爆炸而沉入海底。可以说航空汽油为航母引发灭顶之灾绝不是个例。

当时的航母有意将航空燃料槽分散设置于底仓，通过供油泵和管道输往飞行甲板及机库。并为防止因油管破损而导致船舱内充满汽油蒸汽，有意将输油管路设置在船舷外壁上，采用顺着外沿一直连接到供油站的方式。

不过，最大的问题还是航空汽油的储存方式，由于汽油极易汽化而引发火灾，直接存放于储藏槽内风险极大，还要兼顾航母防范敌方攻击。

当时的航母储存航空燃油的方法各有特色，日本航母是在储油槽周围隔出密闭空间，充入阻燃气体二氧化碳，或者直接浇筑水泥将储油槽彻底封闭以防损毁。

航母内部容易积聚汽油蒸汽的部位是机库，而且机库往往还会分成3个楼层，占据极为广泛的空间，一旦聚集的汽油蒸汽遇到明火，除了会引发惨烈的大爆炸之外，消防救火也极为困难。

为防止火灾中火势蔓延，机库内部的通风装置、消防设备及将机库进行划区隔离的防火帘都成了标准装备。不过，前文提到"列克星敦"号及"大凤"号的机库是全封闭结构，特点是船舷开口较少，导致排放汽油蒸汽及火灾烟气的能力不足，导致战损程度加剧。

与封闭式结构不同，美国约克城级航母以开放式结构为标准建造了机库，两舷设置多个滑动门，在紧急情况下打开滑动门，便于排放汽油蒸汽和火灾烟气。此外，为防止火势蔓延，可以从滑动门直接将机库内的器材甚至舰载机直接抛弃于海中。但是滑动门容易被海浪损毁，遇到极度恶劣的天气时舰载机很可能遭受损失。

弹药库内存放着舰载机及航母自卫武器的弹药，为防止事故或因遭受攻击而发生二次爆炸、二次火灾，船身下层应具备防弹及防水雷功能，并将相关物品分散存放。

▲ 美国海军航母"列克星敦"号，在珊瑚海海战中与"约克城"号联手击沉日本"凤翔"号，并给"翔鹤"号以沉重打击，而自身也遭到日本舰载机鱼雷与炸弹的攻击而身负重伤并发生火灾。

CHAPTER 2

07. 美国航母起降（1）
舰载机滑行起飞

在第二次世界大战中，埃塞克斯级等大型航母的舰载机起飞往往不使用弹射装置，依靠飞机自身动力进行起飞。

飞机自行起飞的步骤很复杂，首先，舰载机由机库经升降机搬运至飞行甲板，在飞行甲板地勤人员的指挥下进入起飞区域。由襟翼确认机体达到起飞位置，飞行员踩住刹车，将发动机开动至中速状态（这些作业均在甲板地勤人员手势指挥下完成）。

接着，飞行员根据起飞前确认事项清单检查各仪表，包括螺旋桨间隙、燃油混合比、发动机气压等6个主项目。检查无误后，飞行员用手势通知甲板地勤人员起飞准备完毕。接到指示后，甲板地勤人员用双手做出手势通知起飞助理，后续的起飞指示由起飞助理接手。

接手之后，起飞助理立于飞机右前方侧面位置，以目视确认机体周围环境是否符合起飞要求。如无异常情况，则竖起3根手指用手臂在头顶来回摆动，向飞行员发出"实施起飞前检查作业"信号。飞行员再次检查各种仪表是否正常，无异常则以敬礼向起飞助理发出"准备完毕"信号。

起飞助理看到飞行员敬礼，用

▼ 准备由"约克城"号飞行甲板起飞的F6F战斗机。为获得足够的离舰起飞速度，必须将螺旋桨发动机动力开至最大，同时将襟翼降至最低。图中左下角手持信号旗的人员就是起飞助理。

右手（有时用信号旗）指向舰首方向，表示下达起飞许可。看到起飞信号，飞行员将油门全开，发动机发动至最高速度，然后放开刹车开始滑行。飞机启动后立即向前推操纵杆，使机首保持下沉状态开始加速。

对于飞行员来说，关键在于机体在离开飞行甲板前能否获得最低起飞速度（也就是规定的离舰速度）。如果在离开飞行甲板时无法达到既定速度，整个飞机就会从飞行甲板直接砸向海面。如果能达到起飞速度，等机体离开飞行甲板就会收起起落架并开始向左转向，避免干扰后续友机的起飞。

完成转向动作之后，飞行员通过调整整流罩、襟翼的开合，以及化油器等装置，确保维持发动机的温度和转数保持在既定范围内，然后操纵机体上升至指定高度及方位，向目标进发。

从当年拍摄的舰载机起飞影像资料可知，部分离开飞行甲板的飞机会瞬间下降，甚至在仅距海面3米的地方才勉强稳住机身开始爬升。这是由于飞机负载过重，或者风速不足、机械故障等引发的现象。这些看似坠向海面的飞机其实在利用水面效应，获得再次上升的力量。

水面效应（在陆地上则称为地面效应）指的是，当飞机降低至水面（地面）相当于机翼长度三分之一的高度时，在气流和水面（地面）的共同作用下，会产生大大超过通常的机翼抬升力的现象。更何况飞行甲板高于海平面近20米之多，从这个位置下落的势能转化为动能，再加上风速的助力飞机才能获得足够的抬升力。

▼ 从护航航母"斯瓦尼"号起飞的VF-40中队的F6F战斗机。图中可见为了获得升力，襟翼处于最低位置。

CHAPTER 2

08. 美国航母起降（2）

舰载机弹射起飞

在第二次世界大战中，除了大型航母之外，美国海军和英国海军还有效运用了众多小型低速的护航航母。这种航母的全长只有正规航母的一半，飞行甲板也只有150米，最大速度仅为35千米/时，因此舰载机起飞少不了弹射装置。

● **弹射装置操作步骤**

插图是第二次世界大战中美军弹射装置操作手册，对护航航母上配备的H-4型（TYPE H.MRAK4）弹射器操作步骤进行了说明。

❶将机体移动到弹射器处。 ❷机体上固定好弹射器索具。 ❸机体后方尾轮固定于位持器（后轮固定装置）上。 ❹作业结束后地勤人员通过手语向信号控制官（SOC）报告。 ❺❻起飞助理通知飞行员位持器固定完毕，并发出"弹射前首次检查"指令。 ❼❽SOC按下控制箱内的键钮，向舰内弹射控制室内操作人员发出"准备弹射"指令。 ❾此时，如果舰载机和弹射装置没有异常，起飞助理向飞行员发出"起飞前检查"指令，飞行员确认仪表是否正常。 ❿SOC向弹射作业人员发出"弹射前末次检查"指令。 ⓫弹射作业员最后一次确认仪表。 ⓬起飞助理用右手朝舰首向飞行员传达"弹射"信号，飞行员做好弹射准备。 ⓭SOC向弹射作业人员发出"弹射"指令。 ⓮弹射作业人员拉动弹射控制杆，开始弹射后飞机急剧加速弹射离舰。满负载且风速为55千米/时的（综合风速）情况下，"复仇者"鱼雷机需要150米滑行距离，在H-4型弹射装置的助力下，风速是3千米/时的时候也只需要30米滑行距离即可起飞。

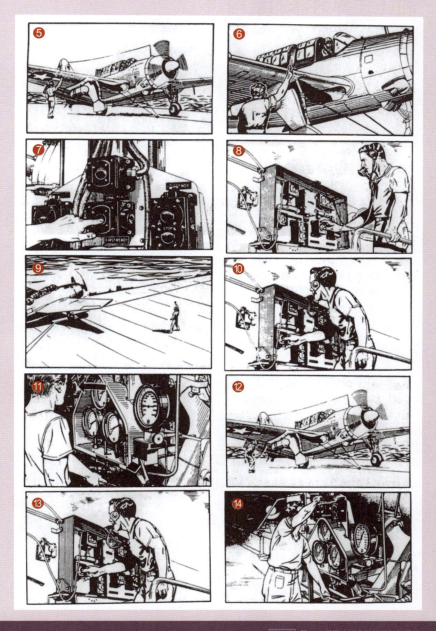

第 2 章 第二次世界大战中的航母与舰载机

CHAPTER 2

09. 美国航母起降（3）
油压式弹射器的结构

帮助舰载机从航母有限的滑行跑道上起飞的设备就是弹射装置，整个二战期间，在实战中使用过弹射器的只有英国海军和美国海军。

舰载机从航母起飞时，机体越重，起飞速度也就越慢，弹射器正是为了为应对这种情况而开发的专用设备。

●油压式弹射器的结构

插图是H-2型（TYPE H.MARK2）弹射器结构。向内封压缩气体的储压器注入压缩油，当压缩气体动作时会产生巨大的压力。储压器打开时，压缩气体瞬间膨胀产生压力，推动压缩油流向（并非流入）气缸，在油压的推动下，气缸瞬间绷紧弹射钢缆而产生弹射力。不过，这种弹射力还不足以将飞机弹射出去，还需要滑车组协助增幅弹射力。

❶弹射钢缆回收滑车组 ❷回收钢缆 ❸滑梭 ❹弹射车 ❺飞行甲板 ❻弹射钢缆 ❼弹射索 ❽弹射钢缆滑车组 ❾发动机 ❿信号灯 ⓫滑梭调整键钮 ⓬弹射信号键钮 ⓐ储压器 ⓑ压缩油容器 ⓒ气缸

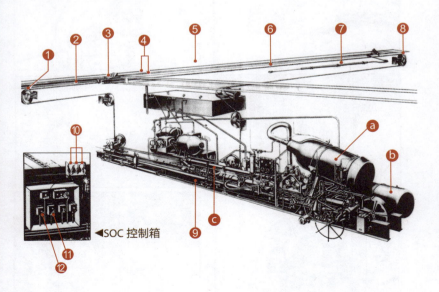

◀SOC控制箱

就弹射方式而言，当时已经开发出了压缩空气、火药、飞轮及重力等方式，但最终油压弹射成了主流。首先将油压弹射用于实战的是英国海军"皇家方舟"号和光辉级航母。

美国海军于1934年11月，在"约克城"号（CV-5）和"企业"号（CV-6）上成功安装了H-1型油压弹射器，但在实用性上有所欠缺，直到埃塞克斯级航母才开始装备性能超过英国海军提供的高性能油压弹射器。埃塞克斯级航母使用的是H-4-B型弹射器，全长32米，拥有将重达8165千克的飞机加速至144千米/时的能力。

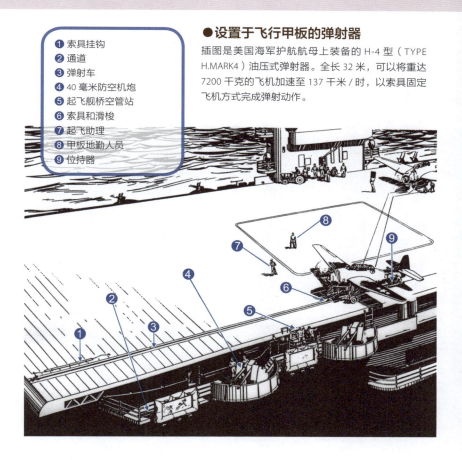

●设置于飞行甲板的弹射器

插图是美国海军护航航母上装备的H-4型（TYPE H.MARK4）油压式弹射器。全长32米，可以将重达7200千克的飞机加速至137千米/时，以索具固定飞机方式完成弹射动作。

❶ 索具挂钩
❷ 通道
❸ 弹射车
❹ 40毫米防空机炮
❺ 起飞舰桥空管站
❻ 索具和滑梭
❼ 起飞助理
❽ 甲板地勤人员
❾ 位持器

CHAPTER 2
10. 美国航母起降（4）
指挥飞行员的着舰信号官

在第二次世界大战中，美国海军的着舰信号官（LSO[一]）使用信号标指挥舰载机飞行员着舰。当然，能够胜任 LSO 工作的都是资深舰载机飞行员。

航母的着舰作业是个难题，对拥有航母的国家来说，"如何确保安全着舰"是个重大课题。据说，美国海军自"兰利"号开始，就在飞行甲板后方成功用肢体语言指挥飞行员着舰。

到了 20 世纪 30 年代，航母上专门指定资深飞行员担任负责舰载机安全着舰的 LSO 职位。后续开发出 13 种信号作为标准指挥动作。

为了提高 LSO 的识别度，专门用红黄双色布制作了信号标，可以对飞行员直接发出指令。

▼ LSO 在 USS "约克城"号航母上实施 F6F 着舰指引作业。LSO 根据作业情况将手中的物品命名为信号标（信号桨）。

[一] LSO：为 Landing Signal Officer 的首字母缩写。

CHAPTER 2

11. 日本航母起降（1）

如何获得起飞所需的逆风

在第二次世界大战中，航母舰载机基本上靠的是自行滑行起飞。然而，在挂载炸弹之后（属于起飞重量⊖限制范围内，接近上限）飞机自重增加，很可能无法通过自身滑行获得起飞速度。

起飞时，如果航母将跑道对准逆风风向，风速和舰载机滑行速度相加后就有可能获得必要的起飞速度（也就是让机体获得必要升力的最低速度，受舰载机种类和飞机自重限制）。如果还不能获得足够的起飞速度，航母可以提高自身行进速度进行弥补。

举例来说，飞机起飞最低速度为 120 千米/时，而舰载机自身滑行最多能达到 80 千米/时的速度，弥补 40 千米的欠缺首先考虑的是自然风，假如风速 20 千米/时，逆风滑行即可获得 100 千米/时的速度，加上航母 20 千米/时的航行速度刚好获得起飞所需要的 120 千米/时速度。

这就是舰载机起飞时航母必须逆风航行的原因。

❶ 飞行长接到舰长指令后，向飞行甲板上的起飞助理发出起飞指令。起飞助理接到指令后进入起飞程序，与此同时航母也逆风航行，为舰载机获得起飞速度提供一份助力。

❷ 开始滑行时，飞机飞行员将操纵杆向前推至最大，升降舵降至最低，同时降低襟翼，通过压低机头减少空气阻力。

起飞助理

待命飞机

⊖ 重量：本书重量一词与质量的定义相同，单位为千克。——编者注

▲ 1941年12月偷袭珍珠港时,"翔鹤"号航母上准备起飞的零式战斗机。零式战斗机的起飞速度为130千米/时,飞机即使开动最大马力,单凭飞行甲板的滑行长度无法获得起飞速度,因此航母逆风航行必不可少。即使在无风状态时"翔鹤"号能以最大速度34.3节(约63千米/时)航行,加上零式战斗机滑行速度70千米/时,正好满足起飞要求。这也是航母确保拥有高速航行能力的原因之一。

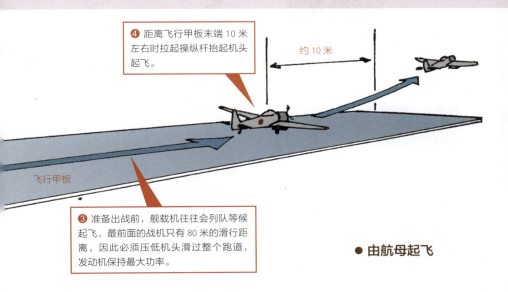

❹ 距离飞行甲板末端10米左右时拉起操纵杆抬起机头起飞。

约10米

飞行甲板

❸ 准备出战前,舰载机往往会列队等候起飞,最前面的战机只有80米的滑行距离,因此必须压低机头滑过整个跑道,发动机保持最大功率。

● 由航母起飞

第2章 第二次世界大战中的航母与舰载机 39

12. 日本航母起降（2）

舰载机着舰

着舰① 着舰前的绕场飞行

插图是当时日本舰载机的着舰标准操作。准备着舰的飞机由航母舰尾方向进入后，从右舷上空通过，左转后再次回到舰尾航线，在高度150米处以约6度降落迎角进入飞行甲板。编队着舰时，后续飞机经过航母上空时以30秒间隔直飞后左旋进入（编队间隔为60秒）。

❷ 飞行员根据航母飞行甲板舰首侧面的蒸汽风向标判断风向

❸ 1号机通过航母上空后立即进入90度左旋

❹ 1号机左旋后2号机直飞30秒进入左旋

❺ 2号机左旋30秒后3号机进入左旋

着舰② 着舰通道

用于判断风向的蒸汽风向标

着舰指示灯

着舰标识

拦阻索

日本由飞行员判断对航母着舰时通道方向是否正确，凭借着舰标识和着舰指示灯进行自主判断，比美国依靠LSO发出引导指令这种方式更具优势。

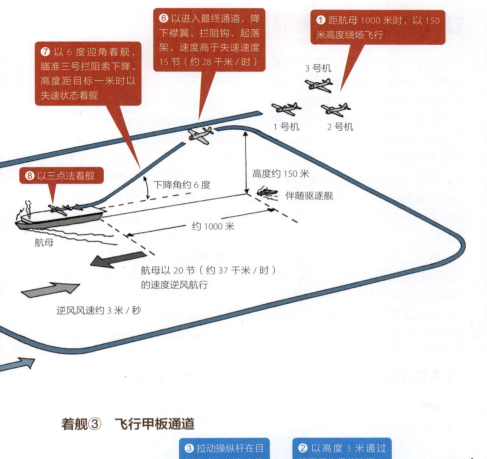

着舰③ 飞行甲板通道

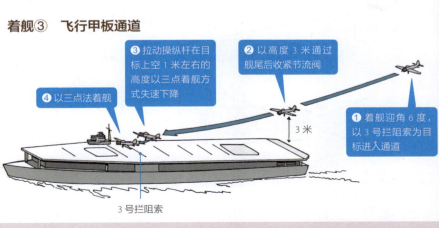

CHAPTER 2

13. 日本航母起降（3）

曾经领先世界的着舰指示灯

二战时期日本就已经在实战中使用了英国海军和美国海军直到战后才运用在航母上的光学着舰系统。

简而言之就是着舰指示灯，在飞行甲板两侧距离舰尾40~50米的位置上安装两排照门灯（红色），在前方10~15米的位置上安装4排照星灯（蓝色），进入航道的飞行员根据二者的上下位置判断飞机的迎角是否正确。

据说，这两种指示灯光源后方安装反射镜，可将光线平行反射向舰尾方向着舰飞机的针路。而且还可以根据昼夜等自然光明暗，调整指示灯的亮度。

照门灯与照星灯安放角度和飞行甲板呈4~6度，着舰时飞行员驾驶飞机必须确保二者成为一条横列，并且红色灯必须在蓝色灯外侧，这样就会沿着飞行甲板的中心线进入通道。而且照门灯可以上下调整，配合不同类型的着舰飞机修正下降角度。这套着舰指示灯可以说是后来光学着舰系统的鼻祖。

虽然可以利用着舰指示灯，但是降落航母绝非轻而易举的事情。从空中望下去，航母的飞行甲板只有火柴盒大小，再加上天气海况的影响，航母一直在上下左右摇晃，自然飞行甲板也随之而动。飞机即

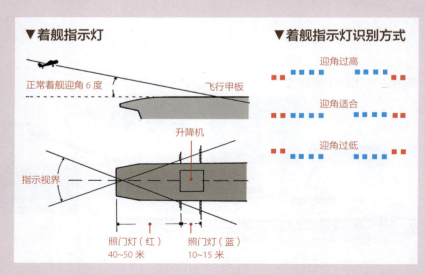

使选择了正确的航路飞向舰尾,在海浪的影响下整个舰尾突然上升之类的事情层出不穷。还好那个年代还是螺旋桨飞机,远比今天的喷气式飞机慢很多,还有足够的时间做出反应。

也有人说,日本的着舰指示灯创意最早曾经装备在法国海军航母"贝阿恩"号上。

三菱 96 式舰载战斗机

96式舰载战斗是日本海军首款全金属单翼战斗机,设计重点为高速及空战空优性能,为了追求空优能力而进行了彻底的减重设计。在1935年2月的飞行实验中,创造了3000米高空飞行速度450千米/时、5分54秒爬高至5000米等新纪录,超出海军提出的飞机要求性能。1936年11月,作为96式舰载机开始服役。

96式舰载机回旋半径极小,拥有水平面空中格斗优势,速度优势加上爬升优势,可以做出垂直回旋动作,为战斗机格斗战术创新打下了基础。

▼三菱96式4号舰载战斗机(A5M4)特征
插图是搭载"寿"41型发动机的机型,产量独占鳌头。

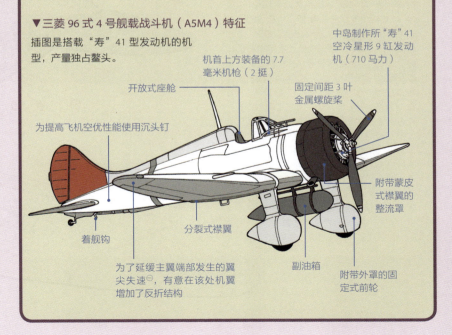

- 机首上方装备的7.7毫米机枪(2挺)
- 开放式座舱
- 为提高飞机空优性能使用沉头钉
- 中岛制作所"寿"41空冷星形9缸发动机(710马力)
- 固定间距3叶金属螺旋桨
- 附带蒙皮式襟翼的整流罩
- 着舰钩
- 分裂式襟翼
- 为了延缓主翼端部发生的翼尖失速⊖,有意在该处机翼增加了反折结构
- 副油箱
- 附带外罩的固定式前轮

⊖ 翼尖失速:大迎角着陆时翼尖出现螺旋湍流现象。

CHAPTER 2

14. 99式舰载轰炸机

日本的支柱机型

● 爱知 99 式 11 型舰载轰炸机内部结构

1941 年 12 月偷袭珍珠港行动中,该机型负责主攻,也是日本海军第一架全金属低翼单翼轰炸机。全长 10.185 米,最大宽幅 14.36 米,自重 2360 千克,最高速度 381.3 千米/时,续航距离 1427 千米,机组人员 3 名,可挂载 250 千克炸弹、60 千克炸弹 2 枚。

❶ 升降舵 ❷ 升降舵调整片 ❸ 水平稳定翼 ❹ 舰尾导航灯 ❺ 方向舵调整片 ❻ 方向舵 ❼ 垂直尾翼 ❽ 垂直尾翼固定板 ❾ 7.7 毫米 92 式机枪 ❿ 机枪支架 ⓫ 导航员兼助手席位 ⓬ 97 式侧风探测器 ⓭ 罗盘 ⓮ 96 式无线电 ⓯ 操纵席 ⓰ 仪表盘 ⓱ 95 式瞄准器 ⓲ 7.7 毫米机枪(固定式) ⓳ 汽化器 ⓴ 三菱金星 44 型 14 气缸发动机(1070 马力) ㉑ 发动机罩 ㉒ 空速管 ㉓ 住友(S-30)螺旋桨 ㉔ 螺旋桨变距组件 ㉕ 油冷器 ㉖ 润滑油储槽 ㉗ 投弹指示器 ㉘ 250 千克炸弹(25 号炸弹) ㉙ 油箱 ㉚ 主轮 ㉛ 弹射钩操纵杆 ㉜ 主轮外罩 ㉝ 俯冲刹车油压系统 ㉞ 俯冲刹车 ㉟ 襟翼控制缆 ㊱ 翼尖导航灯 ㊲ 副翼 ㊳ 副翼调整片 ㊴ 副翼控制缆 ㊵ 襟翼 ㊶ DF 接收机 ㊷ 90 式照明弹存放格 ㊸ 7.7 毫米机枪弹匣 ㊹ 救生船容器 ㊺ 控制缆 ㊻ 弹射钩 ㊼ 尾轮

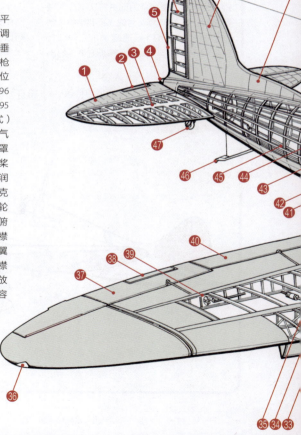

爱知99式舰载轰炸机是日本海军的俯冲轰炸机，于1938年首次试飞，1939年12月作为99式11型舰载轰炸机服役。参加过包括偷袭珍珠港及中途岛海战在内的早期太平洋战役。

于1942年改良开发出了22型号。该机型参与了整个太平洋战争，到了后期作为神风特攻飞机参战。

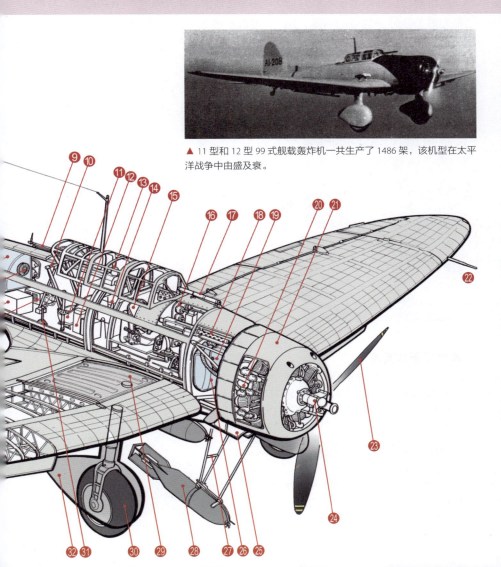

▲ 11型和12型99式舰载轰炸机一共生产了1486架，该机型在太平洋战争中由盛及衰。

CHAPTER 2
15. 97式舰载攻击机（1）
对地/海目标实施水平轰炸

航母舰载机当中的攻击机是攻击敌方舰船或地面基地的利器。在第二次世界大战中，日本的97式舰载攻击机（97舰攻）可以搭载大型炸弹和鱼雷。在此介绍97式舰载攻击机实施水平轰炸时的基本战术与编队的实战例子。

◀ 97式舰载攻击机（中岛制B5N）是日本第一代全金属低翼单翼机。1941年2月偷袭珍珠港时搭载荣Ⅱ型发动机的97式三号舰载攻击机，先后攻击了美军太平洋舰队的6艘军舰（含4艘战列舰），给予沉重打击。

●水平轰炸要点

该型飞机被防空炮火击落的可能性不高，但是载弹量却很受限制，破坏力远远小于水平轰炸机（日本的舰载俯冲轰炸机无法携带500千克和800千克攻击炸弹）。然而，水平轰炸机的命中精度低也是个大问题，为了弥补这个缺陷，只能以编队方式同时投下炸弹。同时投弹可以形成炸弹散布区域，关键在于如何用这个散布区域覆盖目标。而且，这个战术必须目视投弹，否则战果无法期待。在天气多变的大洋之上，水平轰炸可以说是困难重重。

第二小队

① 整个中队跟随队长机编队飞行，临近目标上空则尽量缩短飞机之间的距离，形成密集队形。

● 水平轰炸要点

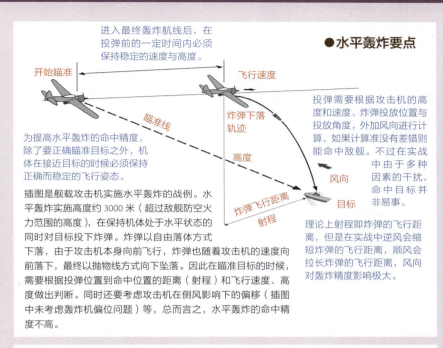

进入最终轰炸航线后，在投弹前的一定时间内必须保持稳定的速度与高度。

开始瞄准　飞行速度　瞄准线　炸弹下落轨迹　高度　风向　炸弹飞行距离　射程　目标

为提高水平轰炸的命中精度，除了要正确瞄准目标之外，机体在接近目标的时候必须保持正确而稳定的飞行姿态。

插图是舰载攻击机实施水平轰炸的战例。水平轰炸实施高度约3000米（超过敌舰防空火力范围的高度），在保持机体处于水平状态的同时对目标投下炸弹。炸弹以自由落体方式下落，由于攻击机本身向前飞行，炸弹也随着攻击机的速度向前落下，最终以抛物线方式向下坠落。因此在瞄准目标的时候，需要根据投弹位置到命中位置的距离（射程）和飞行速度、高度做出判断。同时还要考虑攻击机在侧风影响下的偏移（插图中未考虑轰炸机偏位问题）等，总而言之，水平轰炸的命中精度不高。

投弹需要根据攻击机的高度和速度、炸弹投放位置与投放角度，外加风向进行计算，如果计算准没有差错则能命中敌舰。不过在实战中由于多种因素的干扰，命中目标并非易事。

理论上射程即炸弹的飞行距离，但是在实战中逆风会缩短炸弹的飞行距离，顺风会拉长炸弹的飞行距离，风向对轰炸精度影响极大。

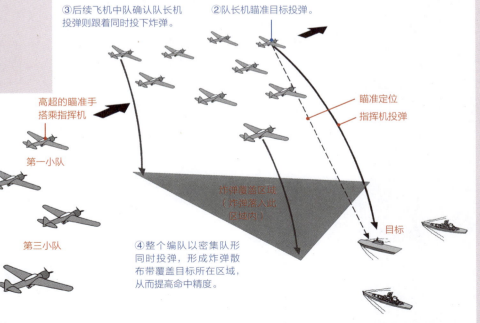

③后续飞机中队确认队长机投弹则跟着同时投下炸弹。
②队长机瞄准目标投弹。
瞄准定位
指挥机投弹
高超的瞄准手搭乘指挥机
第一小队
第三小队
炸弹覆盖区域（炸弹落入此区域内）
④整个编队以密集队形同时投弹，形成炸弹散布带覆盖目标所在区域，从而提高命中精度。
目标

CHAPTER 2
16. 97式舰载攻击机（2）
一击制敌的鱼雷攻击

●鱼雷攻击的基本要点

插图是97式舰载攻击机发动鱼雷攻击的航迹图。高度2000米，距敌10000米开始进入缓降阶段，距敌1000米左右（训练时最短距离800米），高度15~50米（训练时为50米）投下鱼雷。此时，必须保证飞机速度在260千米/时左右（97式的巡航速度），如果速度过高，或者投放高度过低，鱼雷入水后不会按照事先设定的方式启动。此外，想要保证鱼雷的命中精度，飞机投雷时必须保证一定高度和方位。

目标舰艇只能以高速转向方式规避舰载机鱼雷攻击，这会导致舰载机难以寻找适合的投弹点。

目标舰艇

① 距敌10000米，高度2000米左右进入攻击态势开始下降。

下降角度10~15度

② 投雷高度越低效果越好，而且贴着水面飞行时敌舰防空火力难以威胁己方飞机。

与目标舰艇保持90度角投下鱼雷最为理想。

投放高度15~50米

③ 如果畏惧敌舰防空炮火一边规避一边投放鱼雷难以命中目标。投雷角度小于60度或大于120度命中率极低。

距离目标1000~1500米

④ 投下鱼雷后舰载机左旋脱离战场。如果投雷时飞机速度为260千米/时，鱼雷到达目标为12秒，1000米以内的目标舰艇难以完成规避动作。

投下鱼雷之后左转进入规避动作。

单机作战难以斩获巨大战果，因此针对一艘敌舰往往会出动多架飞机从左右两舷进行夹击效果最佳。投下鱼雷之后，最理想的状态是两舷鱼雷呈90度角命中目标。多枚鱼雷命中一艘军舰，更易使目标瘫痪或无法控制行进方向，再由后续攻击彻底消灭敌舰。

提起比水平轰炸和俯冲轰炸更能有效击沉敌舰的方法时，人们往往会想到使用鱼雷攻击。

因为与易受侧风影响的炸弹相比，在水下一定深度高速推进的鱼雷具有极高的命中精度，而且破坏的位置是吃水线以下，打击效果更上一个台阶，所以鱼雷攻击是舰载机的主要作战任务之一。

因此，在第二次世界大战中，专门开发了鱼雷机这种专门用于鱼雷攻击的航空武器。

● 鱼雷攻击实战战例（珊瑚海海战）

舰载轰炸机实施俯冲轰炸。由于俯冲轰炸机无法携带大当量炸弹，给敌舰的"要害区域"等重要部位造成重大打击的可能性较低，不过俯冲轰炸机的出现能吸引敌舰防空火力，为鱼雷轰炸机斩获战果创造机会。

俯冲轰炸机投弹

③ 距离目标舰艇 1000 米、水面高度 15 米投放鱼雷对飞行员来说已经是极限，这也是冒险穿越敌军防空火力网抵达目标附近，保证鱼雷能命中敌舰的最低高度。

② 为规避敌方防空火力网，需要拉起机体急速爬高，然后再次回到鱼雷发射高度。

① 97 式舰载攻击机进入攻击态势，继续接近目标。

敌方防空火力

目标舰艇遭到轰炸后，两舷同时遭到多发鱼雷攻击，无法实施规避动作。此外，当目标舰艇身处团队编组航行时，规避动作会干扰其他舰艇的航行，更加难以实施规避手段。

目标舰艇

④ 投下鱼雷之后进入规避动作。原本 97 式舰载攻击机的在 1000 米左右的距离投下鱼雷，但是这个距离难以规避敌方的防空火力，付出了不小的代价，因此后来改成在 2000 米距离投下鱼雷。

插图是珊瑚海海战中日本舰载机攻击美国舰艇的战例。本次战斗由日本舰载攻击机和舰载轰炸机协同作战，斩获战果。飞行编队进行鱼雷攻击时，最有效的战术是向舰首左右两侧同时投下鱼雷，也就是通过左右夹击迫使目标舰艇无法做出规避动作，尤其是航母这类船体巨大、转向较慢的舰种命中率更高。

CHAPTER 2

17. 零式舰载战斗机（1）

零式战斗机机动性的秘密

飞行速度与升降舵灵敏度的缺陷，在低速飞机的时代还不甚明显。例如，众所周知的 96 式舰载战斗机以格斗性能见长，可最大速度仅为 400 千米/时，在当时已经属于落后机型。提高战斗力的弥补方法就是加强升降舵的灵敏度，这样一来速度低就不再是问题。但是，到了零式战斗机的时代，随着速度的提高，问题开始凸显。

例如，调整升降舵改变飞行姿态，低速时可以做大幅度改舵，而高速时只能进行小幅度改舵，也就是说不同速度下改舵量必须调整。对飞行员来说，肯定希望无论速度如何变化，在操纵杆上做出相同改舵量时飞机姿态也做出相应的改变，降低机械刚性是解决该问题的首选方案。

零式战斗机的升降舵操作系统采用的就是降低机械操作刚性方式，使用更细的操纵缆增大伸缩性，更细的钢管可以增大系统的冗余度，从而满足飞行员无论在低速还是高速时都能利用操纵装置顺利做出等量改舵。飞机在低速航行时，升降

● 零式 52 型舰载战斗机

▲ 该型机牺牲续航能力而强化了速度，尤其是丙型强化了武装和防弹设备，不过同时也失去了 21 型固有的操纵性和格斗能力。

舵承受低风压低空气阻力，操纵杆的改舵量会直接传导至升降舵上。而在高速航行时升降舵承受高风压高阻力，做出低速时同样的改舵量（相同的力道相同程度改变操纵杆）飞机姿态变化幅度更大。对此，增加操纵系统的延伸性和冗余度后，飞行员做出和低速时相同操纵杆控制动作，经过自动修正后传导至升降舵（操纵系统的弹性会影响改舵量），从而减少改舵量。

当时通常认为，操纵缆和钢管等升降舵上的操纵装置和操纵系统必须进行刚性连接，不得出现延伸性或冗余度。但是，零式战斗机必须同时满足高速和灵敏性两方面要求，只能采用颠覆常识的方案。

然而，为零式战斗机带来灵敏性的操纵系统，飞行速度高于555千米/时会失效，这是因为高速时通过操纵升降舵改变飞行姿态，需要达到非人类能够发挥出的力量才行。美军正是利用了零式战斗机的这个缺陷加以反制。

零式战斗机（21型）在初期展示出当时其他战斗机无法企及的灵敏性。说起零式战斗机的格斗性能，王牌飞行员坂井三郎的空战绝招——左空翻回旋是最好的证明。这是在近距离缠斗中占据有利位置或者躲避敌机的战术。简而言之，就是在空翻的顶点附近通过升降舵操控技术可以完成比其他飞机小得多的回旋动作。

▼降低刚性的方式

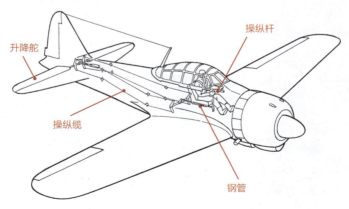

第 2 章 第二次世界大战中的航母与舰载机 51

18. 零式舰载战斗机（2）

空战中如何进行战术协同

第二次世界大战中的空战也是有组织的战斗，即使在倾向于凭借个人技术斩获战果的日本海军（至少大战初期如此），对组织作战思路也极为重视。

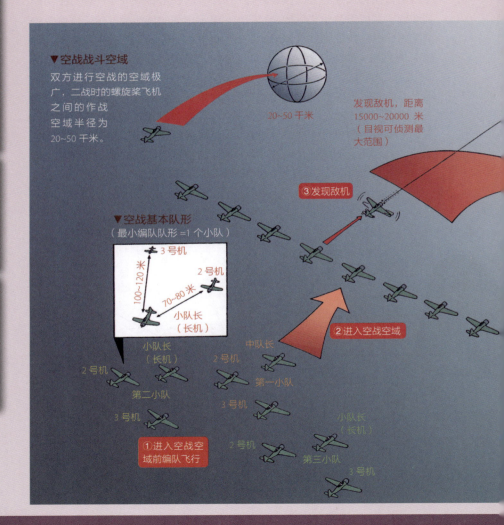

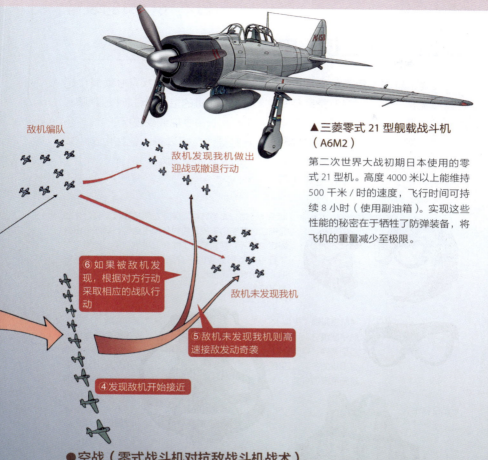

▲ 三菱零式 21 型舰载战斗机（A6M2）

第二次世界大战初期日本使用的零式 21 型机。高度 4000 米以上能维持 500 千米 / 时的速度，飞行时间可持续 8 小时（使用副油箱）。实现这些性能的秘密在于牺牲了防弹装备，将飞机的重量减少至极限。

● 空战（零式战斗机对抗敌战斗机战术）

插图是太平洋战争初期零式战斗机的战术。①接近战斗空域前，以宽大正面队形编队，战斗机基本战斗单位是中队，3 架飞机为一个小队，3 个小队为一个中队。中队长军衔大尉。②接近战斗空域前作为战斗准备，己方飞机改为一字长蛇阵，宽广的正面可以互相守望。③先发现敌机的飞机飞向前方摇动双翼（摇动主翼）并对准敌方发射 2~3 发机枪子弹，通过开枪（机首发射弹药产生的硝烟）和晃动双翼向己方飞机指示敌机方位。④发现敌机并非立即开打，先与敌机平行飞行观察对手的行动。⑤如果未被敌机发现，则采用隐蔽接敌方式占据有利位置（敌机后上方高度差 600~700 米）后开始攻击，先发制敌占尽有利先机。⑥假如被敌机发现并做出战斗或撤退行动时，根据战场情况采取适合的战术。一般来说，往往会发生犬牙交错的空战。通常会以编队方式投入战斗，而接敌之后编队肯定无法维持，只能以 3 机一组的最小战斗群——小队编队互相掩护进行空战。不过，经过最初攻防之后，态势处于你中有我，我中有你的单机混战。

CHAPTER 2

19. 日本飞行员的装备

航空帽、航空镜、电热坎肩

二战中日本飞行员虽然军衔有将校和士官之分，但是航空装备却是通用型号。将校级飞行员除了担负飞机驾驶员或侦查员任务之外，也肩负着指挥直属小队的任务。尤其是大尉、少佐等往往会担任飞行队长。作为空中指挥官必须肩负起数十架飞机的指挥重任（按照规则，飞行队长由中佐或少佐担任，35~40岁对身体负担过重，往往由30~35岁的大尉或少佐负责）。

▶海军航空帽（冬装）

海军飞行帽分为冬装和夏装，左侧插图是冬装，外侧是棕红色鞣制山羊皮，内衬使用了兔毛。耳部有纽扣固定的帽舌，并非是为了安装对讲机，单纯是为了在飞行中能听到外界的声音而已。不过，到了战争末期，开始推出这个位置加装了能容纳对讲机帽兜的新型飞行帽。

◀航空眼镜（甲型）
航空眼镜分为甲型和乙型两种，甲型是附带毛皮的冬装，乙型是无毛皮的夏装。

▶航空救生衣

◀降落伞索具
飞行员的降落伞索具（飞行员专用索具）与陆军的92式索具相同，将伞包以背跨方式固定于臀部附近。

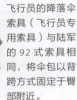

◀航空电热坎肩
插图是1944年服役的航空电热坎肩，相当于以前的电热服去掉了袖子。

航空救生衣一般分成多个桶状袋内缝在胸部前后，作为浮力材料每个袋内填满了植物类的木棉⊖纤维。背跨方式和陆军不同，使用时需要用胸部的绳索固定在身体上。

▶航空电热袜套

⊖ 木棉：这种植物纤维密度低防水性好，是当时的代表性填充材料。日本飞行员直接将这种救生衣称为"木棉救生衣"。

●日本飞行员装备

右侧插图中的飞行员身穿舰载战斗机及舰载轰炸机飞行员标准装备（冬装）。

❶ 航空眼镜（甲型）❷ 救生衣 ❸ 防寒航空服（使用较厚的布料制作的分体式防寒服，领口处附带毛皮围巾）❹ 航空半筒靴（黑色皮革，内侧贴小羊皮，靴底为硬质橡胶）❺ 92式飞行员降落伞索具（驾驶员的降落伞用索具固定于背后，和其他机组人员不同）❻ 航空帽（和同时代其他国家的航空头盔相比，不必说加装无线电耳机、氧气面罩等设计，连通信功能都没有。）

▼航空服

▲航空围巾

左侧插图被称为上下分离式航空服。分为冬装和夏装两类，插图是夏装，上衣对开襟，5个纽扣的夹克式制服，左胸的曲线型大型口袋极具特色。

CHAPTER 2

20. F6F"地狱猫"
以动力和速度见长的零式战斗机对手

在零式战斗机问世以前，F6F"地狱猫"就已经提上了开发日程，可以说这两款战斗机最终成了命中注定的对手。太平洋战争前期，美国海军舰载机主战机型是F4F"野猫"，F6F在外形上变化不大，但是重量却增加了一半，发动机马力增加了70%。可以说F6F在性能上属于新一代战斗机，强劲的动力与速度是在与零式战斗机对决中胜出的关键。

1938年，接受美国海军的订单后，格鲁曼公司以F6F搭载P&W R-2600发动机（功率1600马力）为主导思想展开设计时美国尚未参战。

因此，当时开发主要针对的是欧洲空战的情况，也就是根据实战经验，以飞机速度和爬升能力压倒敌机的灵活性为主。与此相反，日本则重视飞机的灵活性。

再加上机载无线电通信的助力，使空战由单机对决演化成编队之间的集团作战。

到了1941年6月，F6F开发工作出现了变化——1600马力的发动机改为2000马力，最终开发定型为XF6F战斗机。由此，机身强度、防弹性能、火力及强劲的动力，使得XF6F的个头比F4F大了很多。

1941年12月美国与日本进入战

F6F在第二次世界大战中开发的单发战斗机中拥有最大号的主翼，机身个头自然也是最大号的，对比照片中的驾驶员就知道它的个头有多大了。

争状态后，为对抗零式战斗机设计人员在听取了有作战经验的飞行员意见后，将发动机更换为最大功率 2000 马力的 P&W R-2800 空冷直叠发动机，从而开发出了 XF6F 战斗机。1942 年 8 月开始首次量产，并命名为 F6F-3 战斗机。

1943 年南鸟岛之战中，F6F-3 战斗机作为航母"埃塞克斯"号、"约克城"号、"独立"号的舰载机首次参战，对该岛发动了袭击。以此为契机，F6F-3 代替了 F4F 成为美国海军主战舰载机。

● **F6F 主要参数**

F6F-3 性能参数
全长：10.24 米
最大宽幅：13.06 米
高度：3.99 米
重量：5162 千克
最高速度：605 千米/时（高度 5270 米）
爬升高度：11700 米
续航距离：1750 千米
武器：6 挺 12.7 毫米机关枪

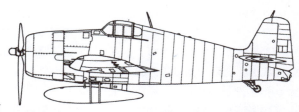

▲ 搭载 P&W R-2800-10 发动机（初期量产机型），防弹油箱位于驾驶舱下方（容量约 950 升），机翼内无油箱，依靠机体下方外挂式副油箱（容量约 570 升）获得更大续航距离。

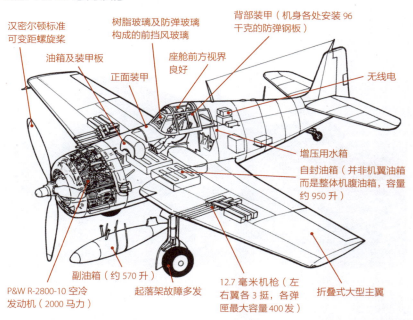

第 2 章 第二次世界大战中的航母与舰载机

CHAPTER 2

21. F4U"海盗"（1）

以倒鸥型机翼闻名的优秀战斗机

1942 年列装的沃特 F4U "海盗"战斗机，仅在太平洋战线就留下出动 64501 架次，击落 2140 架日军飞机，损失 189 架的记录。如果按这个记录计算，"海盗"对日本飞机的战绩是 11.3∶1，极为优异。不过，F6F 技高一筹，取得了 19∶1 的压倒性战绩，这是因为早投产且产量大。和生产数量相比，"海盗"的击落数据证明了它是一种优秀的战斗机。

第二次世界大战中参战的 F4U 分为 1 型到 4 型几个系列，在与战斗机的格斗中，F4U 最擅长的是打了就跑战术——从敌机头顶急速俯冲，从敌方背后攻击后利用速度趁对方来不及反击便拉高机头，然后再次急速下降脱离战场。

此外，F4U 的炸弹等武器搭载能力也极为优秀，可以执行轰炸与对地攻击等重要任务。

▲ 虽然 F4U 作为舰载机问世，但是由于着舰不稳定、前方视界不畅等原因引发了诸多事故，一度成了陆基飞机。上图为 1944 年 10 月，为了观察前方路况，不得不让 MAG21（海军陆战队第 21 训练支援队）地勤人员站在机翼上指挥。

● **F4U 座舱盖**

前方视界极差一直是 F4U 的问题。由于使用了倒鸥型机翼、强化了防弹装备（加装了发动机及驾驶室周围防弹装甲、防弹油箱加以改造），特意将座舱后移以对重心进行调整，结果导致致命缺陷——前方视界极差。初期量产型号 F4U-1 使用了鸟笼形座舱盖，为了改善视界，改良型号 F4U-1A 抬高操纵座椅 178 毫米，座舱盖也随之成了气泡形。后续机型均使用了气泡形座舱盖。

▼ F4U-1

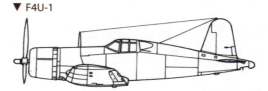

▼ F4U-1D（搭载喷水发动机的战斗轰炸机型号）

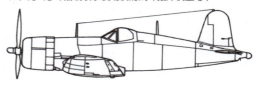

● **F4U "海盗" 战斗机的特征（F4U-1D）**

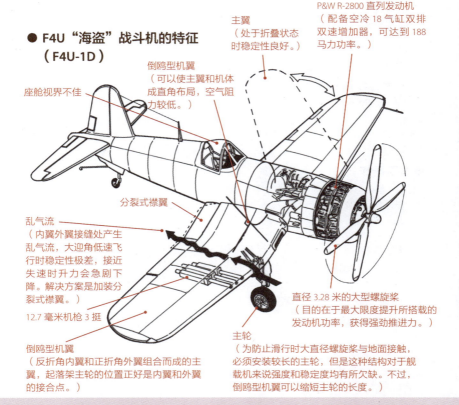

- 座舱视界不佳
- 倒鸥型机翼（可以使主翼和机体成直角布局，空气阻力较低。）
- 主翼（处于折叠状态时稳定性良好。）
- P&W R-2800 直列发动机（配备空冷 18 气缸双排双速增加器，可达到 188 马力功率。）
- 分裂式襟翼
- 乱气流（内翼外翼接缝处产生乱气流，大迎角低速飞行时稳定性极差，接近失速时升力会急剧下降。解决方案是加装分裂式襟翼。）
- 12.7 毫米机枪 3 挺
- 直径 3.28 米的大型螺旋桨（目的在于最大限度提升所搭载的发动机功率，获得强劲推进力。）
- 倒鸥型机翼（反折角内翼和正折角外翼组合而成的主翼，起落架主轮的位置正好是内翼和外翼的接合点。）
- 主轮（为防止滑行时大直径螺旋桨与地面接触，必须安装较长的主轮，但是这种结构对于舰载机来说强度和稳定度均有所欠缺。不过，倒鸥型机翼可以缩短主轮的长度。）

CHAPTER 2

22. F4U "海盗"（2）
集轰炸、攻击、空战于一身

● 俯冲轰炸

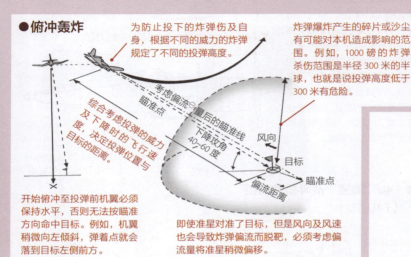

为防止投下的炸弹伤及自身，根据不同的威力的炸弹规定了不同的投弹高度。

炸弹爆炸产生的碎片或沙尘有可能对本机造成影响的范围。例如，1000 磅的炸弹杀伤范围是半径 300 米的半球，也就是说投弹高度低于 300 米有危险。

综合考虑投弹的威力及下降时的飞行速度，决定投弹位置与目标的距离。

开始俯冲至投弹前机翼必须保持水平，否则无法按瞄准方向命中目标。例如，机翼稍微向左倾斜，弹着点就会落到目标左侧前方。

即使准星对准了目标，但是风向及风速也会导致炸弹偏流而脱靶，必须考虑偏流量将准星稍微偏移。

▲ 插图是水平飞行改为俯冲投弹飞行的范例。在实战中为规避敌方防空炮火，必须在接近目标前急速爬升至一定高度后，再将机体改横进入俯冲状态。

● 水平轰炸

插图是飞机低空飞行至目标上空后投下炸弹直接命中目标的方法。落点设定在目标前方，炸弹接触地面后再次弹起命中目标（反跳），会产生巨大的爆破效果。

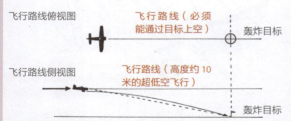

飞行路线俯视图

飞行路线（必须能通过目标上空）

轰炸目标

飞行路线侧视图

飞行路线（高度约 10 米的超低空飞行）

轰炸目标

炸弹在水平方的飞行速度与飞机相同，垂直方向是自由落体，此时飞机以超低空接近目标，飞行路线刚好能从目标上方飞过，根据以上条件计算后的位置投下炸弹，基本上会命中目标。

零式 僚机

队长机

❶ 零式战斗机编队发现 F4U 编队准备接敌、进攻

㊀ 偏流：受气流或风的影响，空中的物体会脱离预定的路线下落。

● 对地攻击

低空高速飞行状态下发起攻击。过于接近目标的风险极大,应该在 200~300 米的距离开始实施机枪扫射

发现敌机,开始爬升准备攻击

开始以低攻角下降

为规避防空火力必须高速飞越目标上空

▲ 对地攻击是 F4U 最擅长的任务。经常会采取以下战术:发现地面敌方目标时先爬升高度,然后缓慢下降至低空后,一边高速飞行一边发起攻击,然后从敌军上空飞过。对地扫射时的下降攻角为 10~15 度,一般对地攻击均采用低空飞行方式,因此会以低攻角下降。此外,如果过于接近目标,很可能受到目标爆炸波及,或者被本机发射的子弹跳弹命中,这些都需要小心防范。

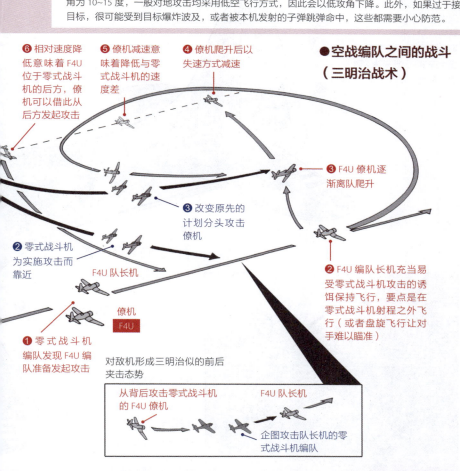

● 空战编队之间的战斗
(三明治战术)

❶ 零式战斗机编队发现 F4U 编队准备发起攻击

❷ 零式战斗机为实施攻击而靠近

❸ 改变原先的计划分头攻击僚机

❹ 僚机爬升后以失速方式减速

❺ 僚机减速意味着降低与零式战斗机的速度差

❻ 相对速度降低意味着 F4U 位于零式战斗机的后方,僚机可以借此从后方发起攻击

❷ F4U 编队长机充当易受零式战斗机攻击的诱饵保持飞行,要点是在零式战斗机射程之外飞行(或者盘旋飞行让对手难以瞄准)

❸ F4U 僚机逐渐离队爬升

对敌机形成三明治似的前后夹击态势

从背后攻击零式战斗机的 F4U 僚机

F4U 队长机

企图攻击队长机的零式战斗机编队

CHAPTER 2

SBD 无畏式（1）
为美军胜利做出贡献的侦察轰炸机

第二次世界大战日美形势逆转的节点——1942 年 6 月的中途岛海战中，有着击沉 3 艘、重创 1 艘日本航母的辉煌战果，为美军胜利

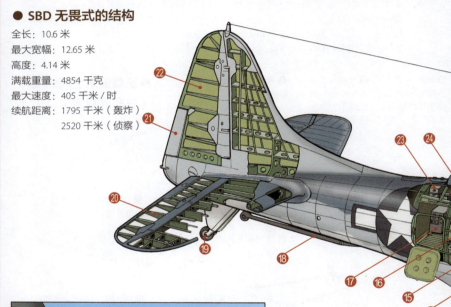

● SBD 无畏式的结构

全长：10.6 米
最大宽幅：12.65 米
高度：4.14 米
满载重量：4854 千克
最大速度：405 千米 / 时
续航距离：1795 千米（轰炸）
　　　　　2520 千米（侦察）

◀ 无畏式的座舱后部机枪手座位。为便于驾驶员伤亡的时候机枪手可以掌控飞机，设置了副驾驶系统。

① 飞行员座位　② 操纵杆
③ 脚踏板　④ 机枪手座位
⑤ 7.62 毫米勃朗宁联装机枪

立下汗马功劳的便是无畏式侦察轰炸机。

1938年,道格拉斯公司接手了诺斯洛普公司的俯冲轰炸机开发计划,最终成功开发出SBD无畏式,肩负着侦察与俯冲轰炸双重任务。最大俯冲速度为680千米/时,使用气动刹车时机体可耐受+9G至-4G范围的重力,机身强度极高。曾经在战斗中有些遭受多次扫射的SBD无畏式还能返回基地,因此飞行员十分信赖该机。除了海军之外,美国海军陆战队、陆军和英国海军也列装了SBD无畏式。

❶ 汉密尔顿57L液压恒速螺旋桨 ❷ 旋风R-1820-60发动机 ❸ 集中排气管 ❹ 油冷器 ❺ 投弹臂 ❻ 仪表盘 ❼ 脚踏板 ❽ 油箱 ❾ 主轮 ❿ 翼尖灯 ⓫ 副翼 ⓬ 襟翼兼气动刹车 ⓭ 供氧装置 ⓮ 氧气瓶 ⓯ 弹匣 ⓰ 救生船 ⓱ 无线电 ⓲ 着舰钩 ⓳ 尾轮 ⓴ 升降舵 ㉑ 方向舵配平片 ㉒ 方向舵 ㉓ 导航灯 ㉔ 机枪舱口 ㉕ 7.62毫米勃朗宁联装机枪 ㉖ 无线电控制装置 ㉗ 射手用紧急操纵装置 ㉘ 驾驶员座舱 ㉙ 空速管 ㉚ 狭缝 ㉛ 轰炸瞄准装置 ㉜ 防弹玻璃 ㉝ 天线柱 ㉞ 7.62毫米勃朗宁联装机枪 ㉟ 弹匣 ㊱ 发动机支架 ㊲ 油箱

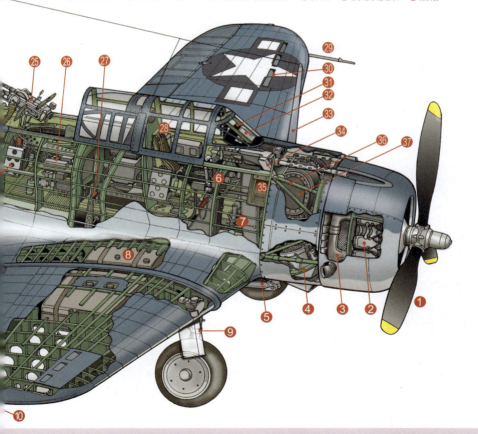

CHAPTER 2

SBD 无畏式（2）

命中精度极高的反舰俯冲轰炸

飞机俯冲轰炸受风速变化产生的偏流较小，是一种高精度的轰炸方法。俯冲轰炸中的飞机一边急速下降一边完成投弹动作，然后急速爬升恢复到原先的姿态，因而受敌防空火力攻击的时间短，还具有比水平轰炸误差小命中精度高等优势。

对于舰载机来说，这种对舰攻击方式效果显著。但是，要求飞机必须具有抗击高 G 冲击力的强度，因此双发或四发大型轰炸机无法作为俯冲轰炸机使用，必须是安装了气动刹车的专用轰炸机（也就是俯冲轰炸机）才能胜任。

僚机

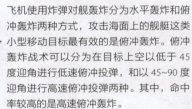

● **SBD 对舰俯冲轰炸战术①**

飞机使用炸弹对舰轰炸分为水平轰炸和俯冲轰炸两种方式，攻击海面上的舰艇这类小型移动目标最有效的是俯冲轰炸。俯冲轰炸战术可以分为在目标上空以低于 45 度迎角进行低速俯冲投弹，和以 45~90 度迎角进行高速俯冲投弹两种。其中，命中率较高的是高速俯冲轰炸。

作为舰载侦察轰炸机，SBD 无畏式实施的高速俯冲轰炸主要按以下方式：以编队长机为先导，开始进入下降航路时僚机紧随其后。编队长机一边俯冲一边锁定目标舰艇并投下炸弹，后续的僚机也在同一时刻投下炸弹。另一种投弹战术是，假如敌舰已经开始做出规避动作，各机有意拉开锁定的范围，确保炸弹落下的范围能覆盖敌舰的规避范围。

俯冲轰炸机与大型轰炸机相比，载弹量少，为了取得战果必须多架次攻击同一个目标。

僚机

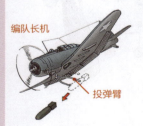
编队长机
投弹臂

● SBD 对舰俯冲轰炸战术②

对舰俯冲轰炸必须考虑综合飞机自身的飞行速度与目标敌舰的移动速度。为了命中目标，必须预测目标移动的提前量决定投弹预测迎角。插图是 SBD 实施对舰俯冲轰炸的战术，假定由敌舰后上方进行投弹，敌舰向前行驶。其实炸弹还会受到侧风等多种要素的干扰，在此暂且不考虑这些条件。

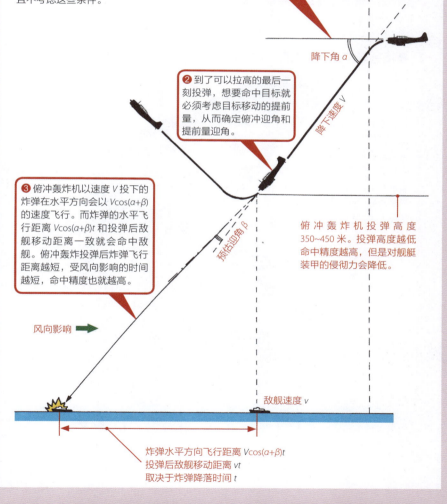

❶ 在 4000~6000 米高度接近敌舰，一边缓慢下降一边锁定目标，在 3000~4000 米高度开始进入高速俯冲。俯冲迎角一般是 70~75 度，为防止出现过速现象而锁定节流阀打开气动刹车，调整好俯冲速度。俯冲速度有时会超过 500 千米/时，最好控制在 450 千米/时左右最为恰当。

❷ 到了可以拉高的最后一刻投弹，想要命中目标就必须考虑目标移动的提前量，从而确定俯冲迎角和提前量迎角。

❸ 俯冲轰炸机以速度 V 投下的炸弹在水平方向会以 $V\cos(α+β)$ 的速度飞行。而炸弹的水平飞行距离 $V\cos(α+β)t$ 和投弹后敌舰移动距离一致就会命中敌舰。俯冲轰炸投弹后炸弹飞行距离越短，受风向影响的时间越短，命中精度也就越高。

俯冲轰炸机投弹高度 350~450 米。投弹高度越低命中精度越高，但是对舰艇装甲的侵彻力会降低。

风向影响 ➡

降下角 $α$
降下速度 V
预测迎角 $β$
敌舰速度 v

炸弹水平方向飞行距离 $V\cos(α+β)t$
投弹后敌舰移动距离 vt
取决于炸弹降落时间 t

CHAPTER 2

25. TBF "复仇者"

可兼具轰炸功能的美军主力鱼雷机

TBF "复仇者"在 1942 年中途岛海战中首次亮相，后续作为第二次世界大战美国海军的主战鱼雷机大显身手。除美国海军、海军陆战队之外，也是英国海军和英联邦国家海军的主力。二战后也曾在法国海军和日本海上自卫队服役。生产商是格鲁曼公司和通用汽车公司，总共生产 9836 架 TBF "复仇者"。

● 格鲁曼 TBF "复仇者"内部结构

全长：12.48 米
最大宽幅：16.51 米
高度：4.70 米
满载重量：7876 千克
发动机：莱特 R-2600-8
最大升限：7100 米
续航距离：1778 千米（轰炸）
机组人员：3 名

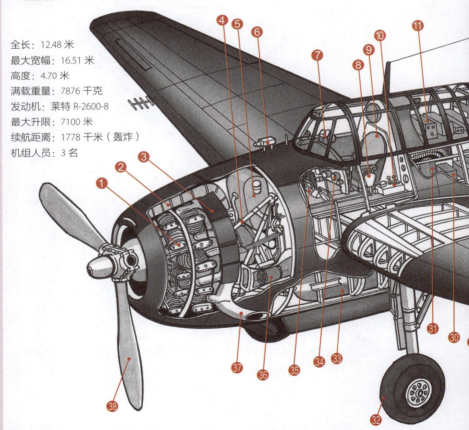

❶ 莱特 R-2600-8 发动机 ❷ 汽化器进气口 ❸ 整流器罩通风片 ❹ 发动机支架 ❺ 润滑油槽 ❻ 枪式照相机 ❼ 瞄准器 ❽ 节流阀 ❾ 驾驶座舱 ❿ 侧控制台 ⓫ 方向舵伺服电机 ⓬ 机枪手装甲板 ⓭ 勃朗宁 12.7 毫米机枪（后部旋转机枪）⓮ 瞄准装置 ⓯ 降落伞容器 ⓰ 方向舵 ⓱ 方向舵调整片 ⓲ 升降舵调整片 ⓳ 升降舵 ⓴ 尾轮 ㉑ 勃朗宁 7.62 毫米机枪（机腹旋转机枪）㉒ 投弹手座舱 ㉓ 副翼 ㉔ 空速管 ㉕ 导航灯 ㉖ 勃朗宁 12.7 毫米机枪（前方固定式机枪）㉗ ASB-3 雷达及天线 ㉘ 发报机 ㉙ 方向舵伺服电机 ㉚ 副翼伺服电机 ㉛ 氧气瓶 ㉜ 主轮 ㉝ Mk.13 鱼雷 ㉞ 仪表盘 ㉟ 脚踏板 ㊱ 油冷器 ㊲ 集中排气管 ㊳ 汉密尔顿定速螺旋桨

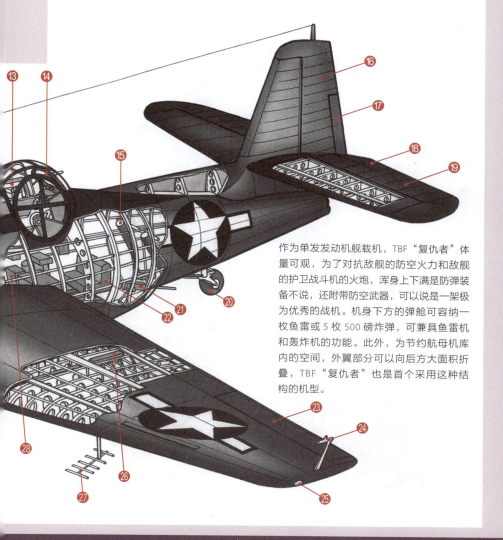

作为单发发动机舰载机，TBF"复仇者"体量可观，为了对抗敌舰的防空火力和敌舰的护卫战斗机的火炮，浑身上下满是防弹装备不说，还附带防空武器，可以说是一架极为优秀的战机。机身下方的弹舱可容纳一枚鱼雷或 5 枚 500 磅炸弹，可兼具鱼雷机和轰炸机的功能。此外，为节约航母机库内的空间，外翼部分可以向后方大面积折叠，TBF"复仇者"也是首个采用这种结构的机型。

CHAPTER 2

26. 美国飞行员装备（1）

满足南太平洋作战要求的装备

在太平洋上与日本军队殊死搏斗的美国飞行员们经常是在温暖海域作战，再加上飞行高度有限，所以并未使用飞行服，而是在执勤服或者作业服外穿戴飞行装具就奔赴战场。不过在大洋之上执行飞行任务时，飞行员就需要携带救生装置或野外求生装备。

●舰载机飞行员装备

插图是美国海军舰载机下士飞行员（含机组人员、接受过机上作业训练的机枪手等）的装备，其中大部分人员身着舰上作业服

ⓐ 长袖工作服衬衫 ⓑ 牛仔布作业裤 ⓒ 作业鞋
❶ AN-6530 护目镜 ❷ AN-H-15 夏季头盔（海军和陆军也列装了布质飞行帽）❸ Mk.1 救生背心 ❹ S 型索具 ❺ 缓冲垫 ❻ 降落伞

▼ E-3A 个人救生盒

美军飞机机组人员领用的单兵救生盒，可放入口袋中保管。

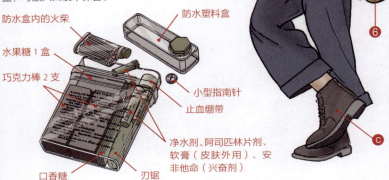

防水盒内的火柴
水果糖 1 盒
巧克力棒 2 支
口香糖
刃锯
防水塑料盒
小型指南针
止血绷带
净水剂、阿司匹林片剂、软膏（皮肤外用）、安非他命（兴奋剂）

● 舰载机飞行员装备

插图是美国海军舰载机飞行员标准装备。大多数人用海军将校工作服（卡其色ⓐ衬衫ⓑ运动裤组合）代替飞行服使用，在外面穿戴飞行装具。

❶ AN-6530 护目镜 ❷ AN-H-15 夏季头盔 ❸ 喉部麦克风 ❹ B-3 救生背心（黄色棉织物表面涂布乳胶橡胶材质的气囊，平时在气瓶内充满压缩二氧化碳气体，释放气体可充满救生背心）❺ S 型索具（穿戴降落伞的索具，降落伞位于臀部下方，在座舱内降落伞充当座位缓冲垫使用）❻ 手枪 ❼ 机舱作业板（机舱内打开防空地图计算导航路线等作业时的工作台板）❽ 海水染色剂（迫降海面时为方便搜索而将大片海水染色的药剂）

▼ S-1 型索具及降落伞

索具
开伞手柄
开伞索
降落伞伞包

CHAPTER 2

27. 美国飞行员装备（2）

极为完备的野外求生装备

培养一名合格的飞行员需要漫长的时光和巨额资金，而且培养出一名能独立作战的飞行员需要更多的训练积累经验才行，所以失去一名飞行员无法在短期内弥补这个损失，到了今天依然如此。

在太平洋战争的初期，日本海军拥有众多有经验的飞行员，不过后续人员的培养无法跟上激烈战况之下的人员损失，前期失去了众多熟练飞行员的日本海军最终在马里亚纳海战中遭到重创。

与此相反，盟军充分认识到了飞行员的损失难以轻易弥补，所以美国海军不遗余力搜救被击落迫降的飞行员。

此外，美国海军还极力通过强化求生装备提高飞行员的生存率，所以许多迫降海上的飞行员得以生还。飞行员的各种装备中求生装备最不起眼，但令人惊异的是，早在第二次世界大战中求生装备就已极为成熟。

▲ 飞行员正在展示F4F"野猫"战斗机搭载的救生艇和求生设备盒。

● **AN620-1 单兵野外求生盒**

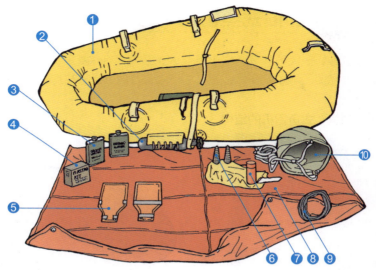

第二次世界大战中美国海军飞行员使用的野外求生盒，放在 AN620-1 的座椅包内，对于执行极有可能需要海面迫降风险任务的飞行员来说是不可或缺的装备。

❶ 救生艇（单人） ❷ 救生艇二氧化碳气瓶 ❸ 饮用水 ❹ 医药包 ❺ 划桨 ❻ 堵漏器（救生艇维修工具）❼ 海水染色剂 ❽ 帆 ❾ 尼龙外套 ❿ 帆布水桶

▼ AN620-1 座椅包

内装信号弹发射器、发烟筒、手电等野外求生装备。

▼ 信号弹发射器
◀ 发烟筒
◀ 频闪灯
▲ 信号反射镜

◀ 斧头
匕首 ▶

CHAPTER 2

"剑鱼"式鱼雷机

宝刀未老的旧式鱼雷机

英国海军于 1935 年服役的"剑鱼"式㊀鱼雷机，是钢管骨架帆布蒙皮的双翼飞机，虽然在第二次世界大战爆发时已经归入了老爷机行列，

● **"剑鱼"式鱼雷机的结构**

插图是"剑鱼"式鱼雷机的量产型号 Mk.1，机身下能悬挂 760 千克的鱼雷或 700 千克的炸弹。

❶ 布里斯托尔·飞马Ⅲ Mk.3 发动机（690 马力）❷ 油箱 ❸ 投雷瞄准器 ❹ 维克斯 K7.7 毫米机枪（固定式）❺ 飞行员 ❻ 导航员（装备了雷达的机型则负责操控雷达）❼ 机枪手 ❽ 维克斯 7.7 毫米机枪（旋转式）❾ 钢管骨架帆布蒙皮结构的机身 ❿ 炸弹挂架 ⓫ 鱼雷 ⓬ 油箱 ⓭ 油冷器 ⓮ 集中排气管

全长：10.87 米
最大宽幅：13.87 米
重量：1900 千克（空重）/3450 千克（最大起飞重量）
最高速度：230 千米 / 时
续航距离：880 千米

▼ **鱼雷**
❶ 引信 ❷ 压缩空气槽 ❸ 油箱
❹ 主轴 ❺ 减速齿轮 ❻ 螺旋桨
❼ 发动机 ❽ 炸药

㊀ "剑鱼"式：1941 年 5 月在追击"俾斯麦"号战列舰作战中名噪一时。

但是由于原型机的通用性极高，再加上后续机型"金枪鱼"式鱼雷机㊀性能低劣、德国海军没有航母等原因，"剑鱼"式鱼雷机居然在一线战场上撑过了整个第二次世界大战！

"剑鱼"是 3 座鱼雷机，也兼具对舰水平轰炸和俯冲轰炸功能。1940 年加装了反潜雷达后，"剑鱼"鱼雷机成了夜间对付德军 U 型潜艇的王牌。

▶雷达瞄准器

插图是"剑鱼"使用的雷达瞄准器，通常安装于机舱前方的机翼支柱之间，横杆上等距排列的信号灯的间距意味着目标的速度为 5 节的倍数，以此推算本机的速度并考虑好提前量投放鱼雷。瞄准作业和投雷一般由驾驶员负责。

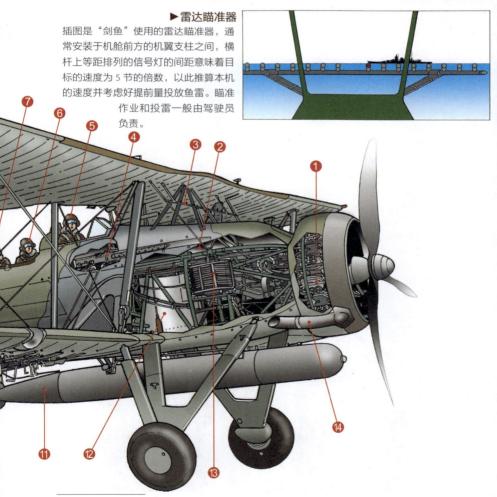

㊀ "金枪鱼"式鱼雷机：和剑鱼一样均为菲尔利公司推出的双翼鱼雷攻击机，"金枪鱼"的退役早于"剑鱼"。

CHAPTER 2

29.

英国飞行员装备

身穿制服开飞机的飞行员们

在第二次世界大战中，英国海军航空队虽然远没有英国空军那么抢眼，但是在击沉"俾斯麦"号战列舰等行动中也颇有亮点。

虽然这些飞行员的装备本该和英国空军的装备同等待遇，但事实上还是略逊一筹。

● **英国海军航空兵飞行员**

不论在任何地点和任何季节，随着高度的增加气温也会随之降低，在没有密封座舱只有天棚的飞机上飞行员只能瑟瑟发抖。例如在高度为1万英尺（约3050米）时，气温只有7摄氏度左右，在冷风嗖嗖的座舱内没有防寒服可真够呛。因此，机枪手等机组人员往往会穿着插图中具有防寒功能的装备（飞行员也使用同样的装备，图中是飞行员专用索具）。

① B 型飞行头盔 ② 夜间飞行护目镜 ③ 机组人员索具（ⓐ降落伞索具 ⓑ抛伞扣）④ 1941 年款切边飞行服（防水加工后的华达呢连体服，衣襟部分是羊皮材质）⑤ 飞行手套

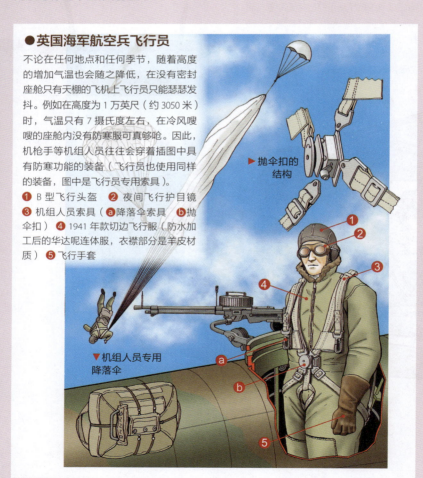

▶ 抛伞扣的结构

▼ 机组人员专用降落伞

●英国海军舰载机飞行员

插图是第二次世界大战早期至中期的英国海军舰载机飞行员。在战争期间，英国海军航母除了英制飞机之外，也搭载过美国制造的舰载机出战。这些飞行员主要是海军士官，由于有了密封式机舱，因此大多数人身着插图中的制服而非航空服直接出战。此外，英国海军从1943年开始以陆军的战斗连体衣为蓝本，开发了空军战斗连体衣，由于前襟用了金属纽扣，所以机组人员并未使用（空军使用了同款蓝灰色战斗连体衣，前襟采用了隐藏式纽扣，所以获得了飞行员和机组人员的认可）。

❶ Mk.Ⅶ护目镜 ❷ B型飞行头盔（战争中期为止使用的是皮革头盔，耳部可以插入通话器） ❸ 1941年款救生衣 ❹ 制服（双排8扣型防寒夹克和便裤，夹克袖口部分附带航空队上尉徽章） ❺ 作训军鞋（并非飞行靴，直接穿着作训军鞋） ❻ 氧气管连接头（和飞机相连） ❼ D型氧气面罩（内藏微型通信耳机）

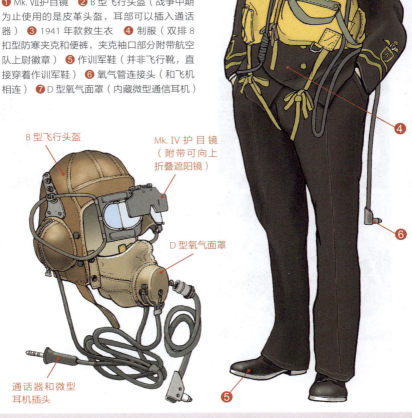

B型飞行头盔

Mk.Ⅳ护目镜（附带可向上折叠遮阳镜）

D型氧气面罩

通话器和微型耳机插头

CHAPTER 2

30. 美国海军的战术

击败日军的法宝——体系作战

为了有效发挥航母舰载机的作战效能，情报搜集和航空管制是不可或缺的环节。情报的主要来源是雷达及无线电等电子设备，航母内特设作战情报中心（CIC○）对搜集到的作战情报进行统一分析、并下

● 从马里亚纳海战一窥体系作战

日本为扭转步步恶化的败局，于1943年以塞班岛为中心，实施了保卫"绝对国防圈"作战——马里亚纳海战。日本海军投入一切舰艇和舰载机（原本预定投入第一机动舰队和第一海军海空队的飞机与舰艇，最终只有第一机动舰队参战），计划采用打击圈外攻击战术面对这次大决战。起初，战争的走向好像符合日本的构想，但是后续并非如此。

❷ 美军使用的是对空 SK 搜索雷达，探测范围极广，可以捕捉到200千米之外的日本攻击机动向。此外，还有能够侦察来袭敌机的高度及方位角的 SM 雷达，掌握战况后即可派出战斗机（F6F"地狱猫"450架）迎敌，抢先占据高于日本机群舰队3500米高度的4200米处设伏迎击。

❹ 为防范战斗机群放过的漏网之鱼，美国海军军舰会以航母为中心组成一个环形编队，依靠防空雷达与近炸引信助力的防空炮火将日军飞机逐个击落。在这史无前例的精确火力打击之下，日军飞机难逃一劫。最终，日军的第一波和第二波攻击机几乎全军覆没，不得不放弃进攻。不仅如此，在美军飞机的打击之下，日本4艘宝贵的航母也化作废铁。日本海军花了一年时间殚精竭虑重组的军队，仅仅在两天之内就伤亡殆尽。

❸ 美军使用雷达搜集情报的情形。经过 CIC 进行集中分析，并做出反击方案，由战斗机指挥中心 FDC○ 使用无线电进行空中调度，统一指挥反击力量进行战斗。

○ CIC：Combat Information Center 的首字母缩写。
○ FDC：Fighter Director Center 的首字母缩写。

达指挥、管制命令。

此外，实施防御作战时 FDC 根据 CIC 的情报编组迎战机群，并实施指挥、空管作战。

可以说马里亚纳海战催生的系统性舰队防空战，对于未来美国海军构建体系作战构想奠定了雏形。

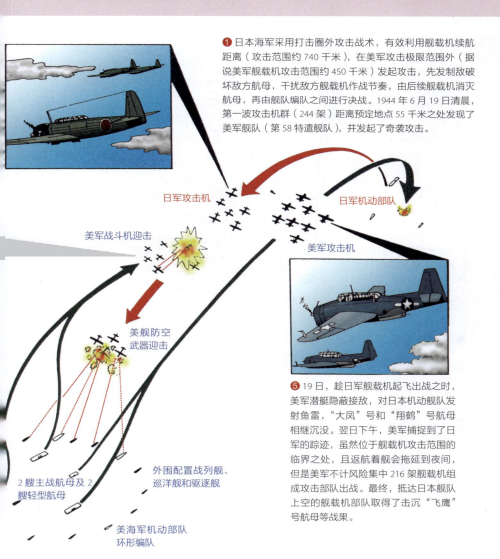

❶ 日本海军采用打击圈外攻击战术，有效利用舰载机续航距离（攻击范围约 740 千米），在美军攻击极限范围外（据说美军舰载机攻击范围约 450 千米）发起攻击，先发制敌破坏敌方航母，干扰敌方舰载机作战节奏，由后续舰载机消灭航母，再由舰队编队之间进行决战。1944 年 6 月 19 日清晨，第一波攻击机群（244 架）距离预定地点 55 千米之处发现了美军舰队（第 58 特遣舰队），并发起了奇袭攻击。

❺ 19 日，趁日军舰载机起飞出战之时，美军潜艇隐蔽接敌，对日本机动舰队发射鱼雷，"大凤"号和"翔鹤"号航母相继沉没。翌日下午，美军捕捉到了日军的踪迹，虽然位于舰载机攻击范围的临界之处，且返航着舰会拖延到夜间，但是美军不计风险集中 216 架舰载机组成攻击部队出战。最终，抵达日本舰队上空的舰载机部队取得了击沉"飞鹰"号航母等战果。

CHAPTER 2
31. 航母的防空武器（1）

航母防御系统的各种火炮

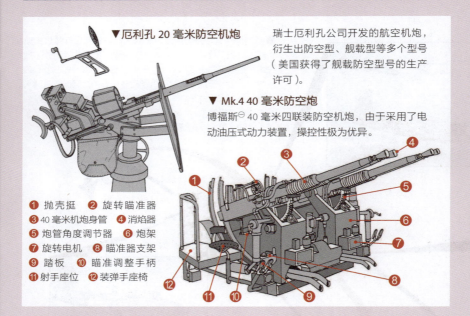

▼厄利孔20毫米防空机炮

瑞士厄利孔公司开发的航空机炮，衍生出防空型、舰载型等多个型号（美国获得了舰载防空型号的生产许可）。

▼Mk.4 40毫米防空炮

博福斯[⊖]40毫米四联装防空机炮，由于采用了电动油压式动力装置，操控性极为优异。

① 抛壳挺　② 旋转瞄准器
③ 40毫米机炮身管　④ 消焰器
⑤ 炮管角度调节器　⑥ 炮架
⑦ 旋转电机　⑧ 瞄准器支架
⑨ 踏板　⑩ 瞄准调整手柄
⑪ 射手座位　⑫ 装弹手座椅

● 美国海军舰载防空武器性能

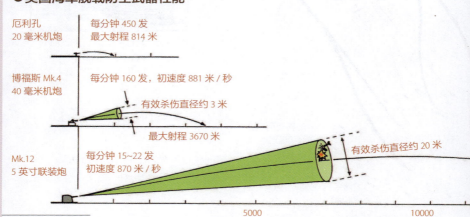

厄利孔20毫米机炮：每分钟450发，最大射程814米

博福斯Mk.4 40毫米机炮：每分钟160发，初速度881米/秒，有效杀伤直径约3米，最大射程3670米

Mk.12 5英寸联装炮：每分钟15~22发，初速度870米/秒，有效杀伤直径约20米

⊖ 博福斯：瑞典武器制造商。博福斯40毫米机炮是防空炮的翘楚，在第二次世界大战中成功击落大量飞机。

第二次世界大战中，在美国航母上服役的主要防御武器包括 Mk.32 5 英寸防空联装炮塔、Mk.4 40 毫米防空炮、厄利孔 20 毫米防空机炮等。

▼ **Mk.32 5 英寸联装炮塔**

1934 年 Mk.12（38 倍径身管⊖ 5 英寸炮⊖）联装炮成为美国海军制式武器，搭载旋转式炮塔，加装 Mk.37 射击指令台（GFCS）⊜，作为巡洋舰及航母的防空高射炮奋战一线。俯仰角范围上方 85 度下方 15 度，炮弹初速度为 870 米/秒。

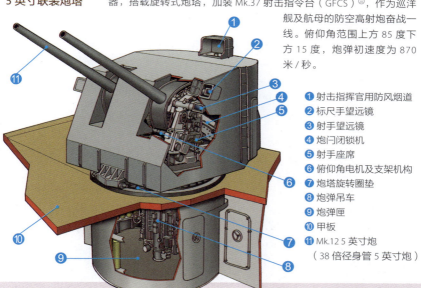

① 射击指挥官用防风烟道
② 标尺手望远镜
③ 射手望远镜
④ 炮闩闭锁机
⑤ 射手座席
⑥ 俯仰角电机及支架机构
⑦ 炮塔旋转圈垫
⑧ 炮弹吊车
⑨ 炮弹匣
⑩ 甲板
⑪ Mk.12 5 英寸炮
　（38 倍径身管 5 英寸炮）

太平洋战争初期，美国海军着眼于防空战，开始装备 20 毫米及 40 毫米舰载机炮。不过，随着近炸引信㉕的问世，5 英寸炮专用炮弹也开始服役。实战证明近炸引信具有极高的有效性，从此舰艇与机炮的缘分就走到了尽头。

插图是装备了近炸引信的各种炮弹杀伤范围及最大射程，装备近炸引信的防空武器飞机击落率大幅提高，据说是旧式武器的 3 倍多。

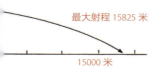

最大射程 15825 米

15000 米

⊖ 径身管：炮身长度除以口径（发射炮弹口径）得出的值，代表炮管的长度，也就是说 Mk.12 的炮管长度为 5×38=190 英寸（约 482.6 厘米）。同等口径的炮中，径身管值越大发射炮弹的初速度越高，射程与侵彻能力越大。

⊖ 5 英寸炮：127 毫米口径（1 英寸约为 25.4 毫米）。

⊜ Mk.37GFCS：Mark37 Gun Fire Control System 的首字母缩写。

㉕ 近炸引信：即使不直接命中，也可以在目标附近爆炮弹的引信。

CHAPTER 2

32. 航母的防空武器（2）

美军秘密武器近炸引信的威力

原子弹、雷达、近炸引信堪称第二次世界大战兵器三大发明。前二者闻名遐迩，后者却是默默无闻。

近炸引信为美军赢得太平洋战争做出巨大贡献。安装了近炸引信的高射炮弹，只要在一定距离内捕捉到目标敌机，或者敌机从炮弹附近飞过时，弹头内镶嵌的简易雷达接到信号就会引爆炮弹。依靠炮弹爆炸产生的破片或爆炸威力击落或击伤敌机。美国为此制订了一个大型项目，动员了国内3%的物理学家参与近炸引信的开发。

▲ 1943年1月，在所罗门海上的美国海军大型巡洋舰"赫勒拿"号在反击来袭的日本海军舰载机时使用了加装近炸引信的炮弹，这也是近炸引信首次投入实战。其后，加装了近炸引信的武器击落敌机的概率比未加装该武器高3倍，取得了令人瞩目的战绩。今天，从博福斯40毫米机炮到陆战火炮的炮弹等，绝大多数使用了近炸引信。而在第二次世界大战期间，近炸引信的小型化尚未实现，只有Mk.12型5英寸口径火炮（作为大型军舰搭载的防空武器）及5英寸以上口径的炮弹才能使用近炸引信。

●近炸引信原理
▶近炸引信结构

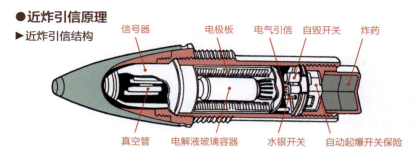

近炸引信是由 1 个小型湿式电池⊖和雷达波发送 / 接收器、5 个真空管构成。炮弹安装了近炸引信后的工作原理如下：发射时的冲击力和炮弹本身的旋转会打破电解液的玻璃容器，电解液接触电极板时产生电流。电流启动雷达波发送 / 接收器形成一个甜甜圈形的雷达电波空域。而保险则是由电流工作时间及电容充电时间控制，水银开关在炮弹达到既定旋转速度产生既定离心力为止一直会阻止雷达波的发射，保险则是防止炮弹发生炸膛。引信触发的原理是利用炮弹与目标之间相对速度产生的发送声波与接收声波频率差（即多普勒效应）引爆炮弹。

▼不同引信炮弹引爆方式

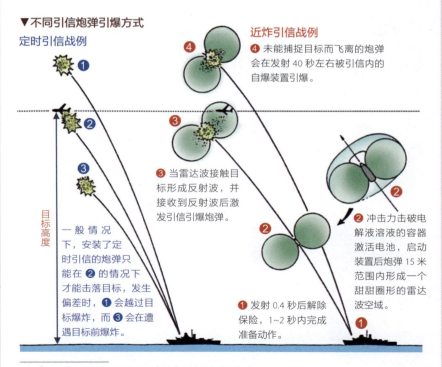

⊖ 湿式电池：金属电极浸入金属离子溶液方式的电池。

CHAPTER 2
33. 美国航母部队的战斗队形

以航母为中心的环形舰阵

美国海军机动部队在珊瑚海海战（1942年5月）中首次排出了舰阵，舰阵指的是多种作战船只编成舰队进入作战海域，整个舰艇集团排布成一定的队形。环形舰阵指的是以航母为主力舰布置在最中间，其他护卫舰艇环绕四周的队形，这也是美国海军在战前就已经展开研究的成果。

负责护航航母职责的军舰由从前的舰队主宰——拥有超大口径主炮的战列舰、各巡洋舰组成反水雷编队或担任警戒任务，并协同以鱼雷进攻见长的高速舰种——驱逐舰为一个整体。这些军舰中的大多数强化了防空反潜能力（战争中开建的舰艇首先做了防空反潜强化设计）。

话虽如此，在珊瑚海海战中的美国海军环形舰阵还是比较粗糙，并未对军舰种类和配备距离做出明确规定。因此在人类历史上首次航母编队决战中，美国付出了"约克城"号遭遇中度战损、"列克星敦"号被击沉的代价。

环形编队真正成为舰队固定队形是在马里亚纳海战（1944年6月），开战后随着航母产量的增加，美军航母数量日渐宽裕，可以大规模投入战场。当时美国的航母机动部队（作战部队）由4个作战群组成，各群拥有重型航母2艘、轻型航母2艘、战列舰2艘、巡洋舰2~3艘、驱逐舰15~16艘，舰载机约250架。

▲ 图为1944年美国海军第58特遣舰队，在马里亚纳海战中以环形舰阵参战。

与此相反，日本海军在珊瑚海海战中并未采用效果不错的环形舰阵，第五航空战队坐拥"瑞鹤"号、"翔鹤"号航母，将护卫舰队下辖的4艘重型巡洋舰、6艘驱逐舰布置于航母四周，但是各舰距离远达4000~8000米，无法有效实施防空作战，导致"翔鹤"号航母遭到美军舰载机集中打击，被3发454千克炸弹命中导致"翔鹤"号无法收回飞机，未能赶上中途岛海战。而在此之后依旧未能吸取教训，直到1944年马里亚纳海战前日本海军才开始采用环形舰阵。

环形舰阵是第二次世界大战海战中一种成熟的战斗编队，为了防范来自空中的打击，舰艇排列成适度的密集队形，不仅消除了炮火死角，还能向需要的方向进行集火射击。这种舰阵可以保证相邻军舰之间的防空火力范围互相重叠，做到互相掩护。而在水平方向上，环形舰阵具有较大的纵深，可以有效防范鱼雷机的攻击，同时可以用一切防空火力覆盖整个内层防卫圈及位于正中心的航母上方，对敌方的俯冲轰炸机形成致命的封锁网。

此外还有个优点是，舰队需要改变行进方向时，环形编队各舰在保证相对位置不变的情况下可同时行动。而在舰载机起飞前航母需要逆风航行时，整个舰队同时转向即可。

●航母群环形舰阵的实例

环形舰阵的设计目的在于充分发挥航母机动部队的防卫力和机动力。美国海军航母机动部队由4个航母群构成，每个航母群单独组成一个环形舰阵。插图是单个航母群环形舰阵的实例，重型航母放置于正中央，3100米侧后方是另一艘重型航母，以及轻型航母、战列舰、驱逐舰形成内层防护网；距中心位置6300米是由战列舰、巡洋舰、驱逐舰构成。无论敌机从哪个方向突入，都能以最强火力迎击。此外，在舰阵的核心位置配备的是拥有强大防空火力和侦察能力的重装战列舰，用对空高射炮形成强大的防空火力网，支援周围任何一艘舰艇。

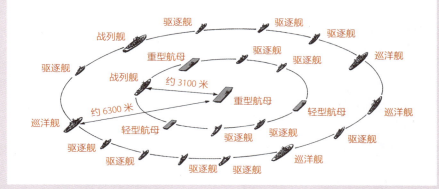

CHAPTER 2

34. 航母雷达（1）
舰载雷达兼具搜索及射击指挥功能

在第二次世界大战中，美国海军积极推进雷达上舰计划。究其根源，是美军珍珠港基地的战列舰遭日军偷袭损失惨重，只能以航母为主力展开反击；而且这次偷袭也令美军意识到未来的战争趋势是舰载机决定舰队命运，这与日本海军对开发与列装雷达持消极态度截然不同。日本历来并不在意客观分析情况做出合理判断，而是强调进攻、进攻、再进攻，所以无法理解雷达在近代战争中所扮演的重要角色也是再自然不过的事情。最终，这些失误令日本付出了巨大的代价。

美国原本在1923年设立了海军调查研究所，并于20世纪30年代开始涉足雷达开发工作，到了1937年4月，第一部雷达成功上舰。

二战中美国海军开发的雷达大体可以分为对空和对海雷达，除了搜索之外还兼具射击指挥功能。二者的差异在于，搜索功能是大致测定远处军舰或军机的方位，然后对此采取进一步的警戒、攻击或防御措施。与此相反，射击指挥则必须测定与敌人的距离、方位设置俯仰角等必要的射击数据。因此，射击指挥雷达必须能尽可能精确测定（高解析能力）数据的型号。

雷达作为兵器问世之时，主要用途是对日益增强的敌机威胁进行早期警戒，与其他武器联动向敌机、敌舰进行精确射击并不在列。主要原因在于制造高精度雷达困难重重，导致早期雷达在性能上无法准确测定目标的距离、方位。

雷达的精度越高就需要使用波段越短的雷达波，在不列颠之战中，英国列装的早期警戒雷达使用的CH或CHL等波长在10~15米的短波，美国战列舰搭载的早期CXAM雷达使用1.5米的超短波（VHF，波长1~10米）依旧无法获得足够精度的数据。高精度定位至少需要极超短波（UHF 波长10厘米~1米）中分米级波长，或者微波（SHF 波长1~10厘米）这些波段才行。但是，发射极超短波和微波的难度极大，直到磁控管的问世才解决了整个难题。

为了在空间产生电波，需要先产生高频交流电流（电流的方向高速来回变换的电流），电流流过电线即可（电流通过导电绕组产生雷达波）。不过，交流电流在电路中反复循环，最终会被导线电阻消耗殆尽，电流振荡也会停止。这就需要通过真空管或晶体管补充损失部分，使电流振荡保持恒定。然而，当时只有真空管，当时由三极管制成的振荡器可以发出长波、中波、短波等电波，像超短波或极超短波等，波长越短振荡的强度也就越弱，根本无法发出 3 米以下波长的电波。于是，利用电子运动对磁场产生变化的原理，利用电磁控制真空管内电子运动方式的二极管、磁控管相继问世。磁控管能成为武器中的一分子，关键在于美国接受了英国的技术支援，贝尔实验室才能在 1941 年将雷达变为现实。

借助极超短波、微波振荡技术，美国成为世界首个将磁控管装入雷达的国家，才能成功开发出极超短波射击指挥雷达。

◀ 实现实用化的早期磁控管。

▲ 用 PPI 镜头观察敌情的美国海军雷达操作人员。

CHAPTER 2

35. 航母雷达（2）

两种防空雷达协同下的防空战斗

二战中美国海军驱逐舰以上的战舰均搭载了对空搜索雷达和对空射击指挥雷达。对空搜索雷达可以在远距离测定敌机的方位与距离（抵达己方的直线距离），再由高角测定雷达确定敌机高度。这些情报在 CIC 汇总，结合其他警戒舰艇发来的情报进行综合分析，从而制定作战方案。不同的是，射击指挥雷达测定出进入防空火力范围的敌机三维坐标数据并传送给舰内的计算中心，各舰艇 5 英寸防空炮根据得出的诸元向敌机开火。

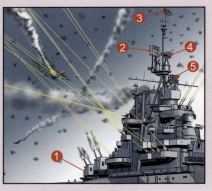

◀ 利用舰载雷达实施防空作战的埃塞克斯级航母（1943 年）
① 5 英寸防空炮（Mk.38 联装炮塔）
② SC 雷达（对空搜索雷达）
③ YE 导航着陆无线电信标
④ SM 雷达（自动跟踪射击雷达）
⑤ Mk.12 雷达（射击指挥雷达）及 Mk.37 射击指令台

▲ 航母 CIC 对搜集的情报进行整理分析，制订反击计划，统一对上空的值班护卫战斗机发出迎战指示，同时肩负识别敌我、指挥舰队防空等任务。CIC 内部配备了雷达监视器、无线电、作业图盘等，由士官负责担任战斗指挥官。

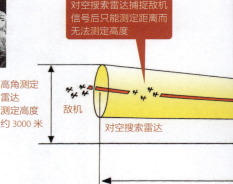

对空搜索雷达捕捉敌机信号后只能测定距离而无法测定高度

高角测定雷达测定高度约 3000 米

敌机

对空搜索雷达

● **挂载 Mk.12 雷达的 Mk.37 射击指令台**

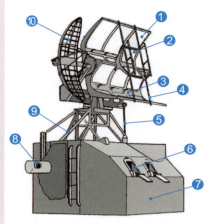

▼ Mk.37 射击指令台内景

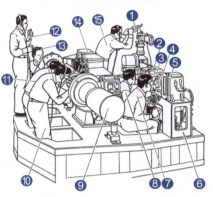

旋转炮塔的上方是安装了 Mk.12 雷达的 Mk.37GFCS，是专门为大型舰艇副炮开发的操作系统，搭载于驱逐舰以上的舰艇上。
❶ Mk.12 雷达天线　❷ IFF（敌我识别天线）
❸ IFF 偶极子天线　❹ 天线支柱　❺ 天线转向组件　❻ 监测窗　❼ 装甲旋转炮塔　❽ 测距器　❾ 天线支柱　❿ Mk.22 高角测定天线

插图装置是 5 英寸炮 GFCS，兼具了测距仪和瞄准仪功能。
❶ 旋转望远镜　❷ 雷达仰角指示器　❸ 仰角指示器　❹ 监测镜　❺ 旋转指示器
❻ 架台　❼ 旋转操作员　❽ 雷达操作员
❾ 测距仪　❿ 测距员（距离）⓫ 测距员（高低角）⓬ 仪器控制士官　⓭ 通信员
⓮ 雷达波发射器　⓯ 指挥官

● **利用雷达遂行防空战**

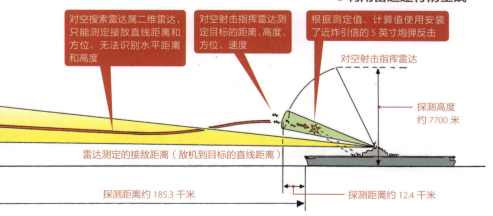

CHAPTER 2

36. 航母雷达（3）

日本未能有效利用舰载雷达

第二次世界大战中，盟军中的美国、英国积极开发运用雷达的新技术，与此相反的是日本对雷达的态度不仅与积极相差甚远，甚至可以说接近于忽视。在这些思想僵化的掌兵者手下，无论技术人员如何努力，日本与盟军之间的技术差距都在日益增大。

一方是举全国之力为开发新科技奋斗前行，另一方连军队的支持都得不到，开发自然也就无从谈起。不过，当时的日本技术人员为了荣誉也在步步追赶，如磁控管（也叫作磁电管，射击指挥雷达等需要高解析能力的雷达发出极超短波的特殊真空管）研究等，基本跟上了全球技术发展步伐。然而，现实环境阻碍了日本磁控管的实用化，应用于兵器也就遥遥无期。

不过，当时的日本雷达技术到底是什么水平呢？1936年前后，日本电气、日本无线等私企就已经和日本陆军技术研究所着手开发雷达技术。

于此不同的是，日本海军则认为雷达发出的电波会暴露舰队的奇袭意图，因此对雷达技术的开发没有丝毫热情。真正触动海军开发雷达的是1939年日本海军联合视察团访问德国后的报告书。

▼ "云龙"号航母

插图是搭载了2式2号1型雷达的"云龙"号（云龙型航母首舰），该舰于1944年8月竣工，另行搭载了一种新型武器——12厘米口径28联装火箭炮（多联装火箭发射器）。

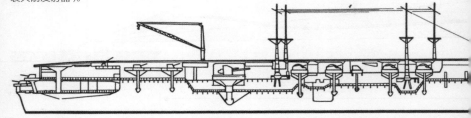

1941 年，日本海军部颁布了"启动雷达研究"训令，海军技术研究所的研究小组开始着手研发雷达。首次开发为超短波（波长小于 10 米的米波雷达）和极超短波（波长 10 厘米级雷达）双轨并行，到了 1941 年 10 月首款 3 米波长的陆基对空搜索雷达——1 号 1 型雷达问世，可捕捉到 70 千米开外的舰载机单机信号。但是，1 号 1 型雷达重量和体积庞大，无法自由移动，因此后续开发出了可安装在卡车上的 1 号 2 型雷达，再以该型号为基础开发出了舰载对空搜索雷达——2 式 2 号雷达 1 型（21 号雷达）。

2 式 2 号雷达的工作波段为 1.5 米的超短波，1942 年 5 月首次在"伊势"号战舰上进行了实验，成功捕捉到了 55 千米外的航空器信号。以此为起点，雷达终于跻身日本的武器之列，舰载雷达也在测试中成功捕捉到了 70 千米外的单机、100 千米外的编队信号。这款雷达使用宽 3.3 米、高 1.83 米的长方形大型天线，初期型号采用天线主机一体式同步旋转（后来进行了改良）模式。从 1942 年 6 月开始，日本海军在战舰上安装了舰载雷达。

其后，小型轻量的 3 式 1 号雷达 3 型（13 号雷达）问世，1943 年成了主力雷达。但是，日本一直抱着雷达是防御武器的轻视思想，对其重要性缺乏足够的认识，不仅在雷达运用上失了先手，在更具实用性的舰载对空射击指挥雷达的开发上也一事无成。

▼ 12 厘米口径 28 联装火箭炮

2 式 2 号雷达天线

CHAPTER 3

第 3 章
现代航母与舰载机

第二次世界大战之后,冷战时代来临。
航母存在的意义遭到质疑,历经种种曲折险阻,
美国海军成功打造了一支以核动力航母为中心的舰队。
这是人类历史上规模最大、战斗力最强的"战争机器"。
本章以美军为中心,为读者展示现代航母与舰载机的精髓。

CHAPTER 3

01. 二战之后的航母
实现喷气式战斗机上舰的三大发明

第二次世界大战后，大幅提高航母战斗力的三大发明是弹射器、斜角飞行甲板、光学助降系统。

在螺旋桨飞机时代，这些装备并非必不可少，因为即使舰载机以最大临界挂载起飞时，借力风速和舰载机自身的滑翔速度，即可获得可以起飞的最低速度。而且降落时的速度也不高，着舰指挥官只要挥动信号标就能完成引导。

然而，当舰载机进入喷气时代之后，巨大的机身加上沉重的武器装备、燃料，还有高速飞行要求，单靠提高航母吨位无法应对这些新情况，三大发明正是解决喷气式飞机上舰的关键，这三大发明均起源于英国。

英国成功开发出了性能远超油压弹射器和火药弹射器的蒸汽弹射器。核动力航母上服役的蒸汽弹射器可以把重达 35.4 吨的飞机瞬间以 255 千米/时的速度抛射出去。

为应对舰载机高速降落问题，现代航母的着舰方法也进行了相应

▼ 1951 年"中途岛"号航母上用油压弹射装置抛射 F7U-1 弯刀战斗机，飞行甲板上方可以看到从机体掉落的弹射缆。

的改善，光学助降系统作为辅助着舰工具。光学助降系统由反光镜和多组光源构成，告诉飞行员身处的位置是否在着舰线路上，现在航母上使用的是新型菲涅尔光学助降系统。

斜角飞行甲板被设计成与航母舰身轴线呈几度的夹角，可以保证舰载机同时进行起飞和降落，并能避免甲板上的待命飞机和起降飞机发生冲突，有效提高了作战系统的安全性和运行效率。斜角飞行甲板已经成为现代航母不可或缺的标配。

▶ DH-110 英国德·哈维兰"海雌狐"战斗机准备降落在装备了光学助降系统（即箭头处的甲板降落反射镜）的 HSM"皇家方舟"号（无敌级）航母上，该航母的斜角飞行甲板的原始设计就是 5.5 度夹角。

CHAPTER 3

02. 早期蒸汽弹射器（1）

能应对喷气战斗机的新型弹射器

随着舰载机跨入喷气式时代，第二次世界大战中使用的弹射器由于动能缺陷成了舰载机起飞的瓶颈。

当初埃塞克斯级航母装备的是 H-4-1 型油压式弹射器（二战结束时下水的中途岛级航母亦同），从 1949 年开始，美军航母开始全面换装 H-8 型弹射器。

▼飞梭（油压式弹射器）

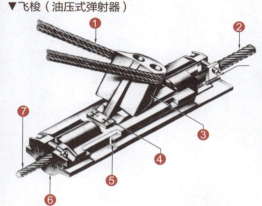

插图是油压式弹射器的飞梭（连接弹射缆的部分）。

1. 弹射缆（拉动飞机的钢缆）
2. 牵引缆（牵引钢缆）
3. 滑梭挂具
4. 限位器
5. 闸瓦
6. 主机
7. 复位缆（复位钢缆）

▼弹射缆

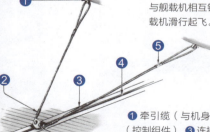

插图是弹射器上使用的弹射缆（连接舰载机和弹射器的钢缆）。弹射器的滑梭与舰载机相互锁定，滑梭前行时带动舰载机滑行起飞。这套系统通过触发与舰载机前轮连接的弹射杆完成弹射动作，一直运行至 20 世纪 70 年代结束。

1. 牵引缆（与机身弹射钩相连）
2. 伺服器（控制组件）
3. 连接器（连接组件）
4. 弹射器滑槽
5. 伺服器
6. 滑梭

H-8 型弹射器的能力比 H-4-1 型增强了 20%，可以把重达 26.4 吨的舰载机以 114 千米 / 时的速度抛射离舰。不过，为了换装 H-8 型弹射器，释放飞机起降产生的应力，就必须对飞行甲板的连接部位进行改造，这绝非易事。

装备了 H-8 型弹射器之后，足以应对最大起飞重量高达 9.6 吨的 F9F 喷气式战斗机。然而，到了 20 世纪 50 年代中期，随着 A3 "天空勇士"等满载重量达到 31.5 吨的大型舰载机上舰，H-8 也束手无策，功能更强大的弹射器开发成了新目标。

● 弹射缆完成弹射动作

插图是由航母起飞的 F2H-2P "女妖"战斗机，这是 20 世纪 50 年代经典的油压弹射器的工作场景。弹射缆与机身的弹射钩相接，完成弹射动作后弹射缆会自动脱落。机身后方的网格状物体是导流板，起飞助理的手势代表"注意前方"的意思。

CHAPTER 3

03. 早期蒸汽弹射器（2）
可释放油压弹射器数倍能量的蒸汽弹射器

随着舰载机大型化的发展，油压式弹射器开始捉襟见肘，如果不开发出更强劲的弹射器，舰载机上航母就会成为历史。当 A-3 "天空勇士"问世之时，美国海军和空军之间围绕着核武器投放方式的争执进入了白热化，一些激进人士甚至提出了航母无用论。

而位于英国爱丁堡的布朗兄弟公司里有一位名叫柯林·米切尔的技术人员，自 1948 年开始就参与弹射器的研发工作，力主推进蒸汽弹射器的研究。

蒸汽弹射器需要在飞行甲板下方并排安放两个气缸，利用活塞原理驱动高压蒸汽完成弹射动作。此外，气缸内部还有水刹器系统，可以在 1.5 米冲程内完成活塞制动，而油压弹射器的制动距离短的也要 13 米以上，而这段距离反而可以利用在弹射加速度系统上。

米切尔开发的 C-11 型蒸汽弹射器可以释放出 H-8 型油压弹射器 4 倍以上的动能。如 5.5 吨重的舰载机起飞需要达到 250 千米 / 时的速度，H-8 型油压弹射器仅能实现 176 千米 / 时的速度。蒸汽弹射器能赋予飞机 250 千米 / 时的速度，加上航母本身的航速后的合成速度，即可充分满足起飞要求。

▲"汉考克"号航母利用 F3D "空中骑士"战斗机进行蒸汽弹射实验。F3D 是道格拉斯公司开发的全天候双人舰载战斗机（并排座位），搭载两台 J46-WE-3 涡轮喷气发动机。

英国海军最先列装 C-11 型蒸汽弹射器，1950 年首次搭载于"珀尔修斯"号航母上，并进行海上试验。在这期间，美国海军也尝试过开发火药弹射器，可惜未能取得突破性成果。

1951 年，"珀尔修斯"号返回美国，并在诺福克展示了蒸汽弹射的成果。整整 3 天，蒸汽弹射器在多种条件下完成了舰载机弹射任务，取得了极为瞩目的成绩，引起了美国海军高官的兴趣。

很快美国海军订购了 5 套蒸汽弹射器，并购买了生产授权。作为应用研究，埃塞克斯级航母"汉考克"号和"提康德罗加"号分别安装了两套。最终，从 1951 年开始，美国航母逐步全面换装蒸汽弹射器。

◀ "汉考克"号航母进行蒸汽弹射实验的情景，AJ"野人"攻击机正准备完成弹射起飞。AJ"野人"攻击机由北美人航空公司设计，可搭载核武器的大型舰载攻击机。机翼搭载 2 台往复式活塞发动机，机身后部搭载 1 台涡轮喷气发动机，属于混合动力机型，最高速度可达 758 千米 / 时，在当时属于高速战斗机之一。

CHAPTER 3

04. 早期蒸汽弹射器（3）
利用水蒸气的压力加速、弹射舰载机

● 蒸汽弹射器的结构

蒸汽弹射器的最大优势在于，可以确保飞机在弹射前有足够的滑翔加速度距离。

① 活塞　② 滑梭及固定弹射杆的滑梭索具
③ 钢缆　④ 气缸（水刹器、气缸）　⑤ 滑梭复位滑轮　⑥ 油压气缸　⑦ 钢缆　⑧ 蒸汽排放阀　⑨ 蒸汽气缸　⑩ 蒸汽释放阀
⑪ 弹射缆

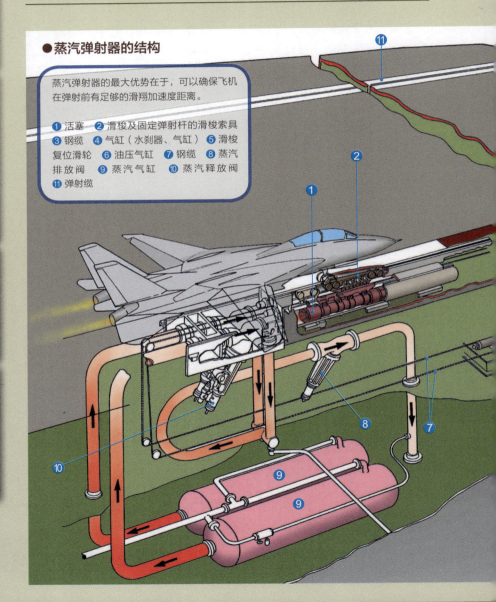

今天，美国海军的核动力航母上服役的蒸汽弹射器（C13-1 型及 C13-2 型）长约 94 米，可以把重达 35.4 吨的飞机瞬间加速至 296 千米/时抛射起飞。

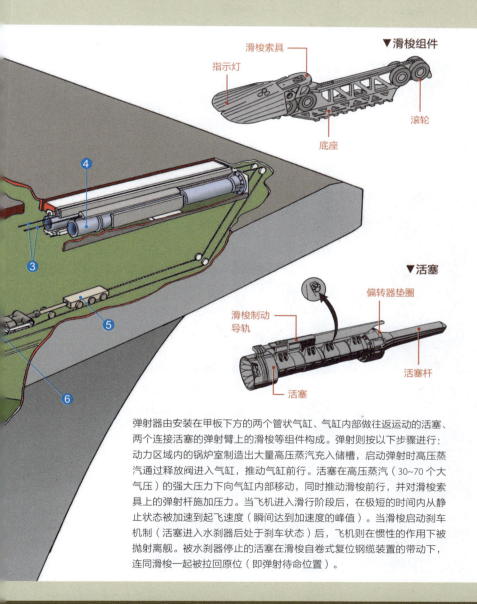

弹射器由安装在甲板下方的两个管状气缸、气缸内部做往返运动的活塞、两个连接活塞的弹射臂上的滑梭等组件构成。弹射则按以下步骤进行：动力区域内的锅炉室制造出大量高压蒸汽充入储槽，启动弹射时高压蒸汽通过释放阀进入气缸，推动气缸前行。活塞在高压蒸汽（30~70 个大气压）的强大压力下向气缸内部移动，同时推动滑梭前行，并对滑梭索具上的弹射杆施加压力。当飞机进入滑行阶段后，在极短的时间内从静止状态被加速到起飞速度（瞬间达到加速度的峰值）。当滑梭启动刹车机制（活塞进入水刹器后处于刹车状态）后，飞机则在惯性的作用下被抛射离舰。被水刹器停止的活塞在滑梭自卷式复位钢缆装置的带动下，连同滑梭一起被拉回原位（即弹射待命位置）。

CHAPTER 3

05. 斜角飞行甲板

喷气式舰载机不可或缺的变革

对于喷气式航母舰载机有效运用来说，贡献最大的莫过于斜角飞行甲板，这也是来自英国的发明。

航母的飞行甲板划分为起飞区域、维修区域（也包括待命区域和安全区域）、着舰区域进行运转。着舰区域内设置拦阻索，使舰载机由高速转为静止（还设置了紧急拦阻网）。但是，随着舰载机的喷气化、重型化、大型化成为主流，着舰速度也越来越快，着舰距离也越来越长，原本起飞着舰兼用的飞行甲板难以满足需求，斜角飞行甲板成了解决问题的根本对策。

20世纪50年代，美国海军的航母作战指导思想中，航母被定位为舰队决战的主力，因此要求舰载机必须保持极高的出勤率和出击频率。这样一来，必须保证航母甲板上的舰载机能高效完成起飞、维修、着舰作业。曾经有人担心，导入斜角飞行甲板会压缩着舰区域前方的维修区域。相反，导入斜角飞行甲板会大幅扩展着舰区域，优势不言而喻。最终，通过优化斜角飞行甲板与航母中轴的夹角，解决了二者的矛盾。首艘安装斜角飞行甲板的是埃塞克斯级"安蒂塔姆"号航母。

上图是1951年前后，改装前拥有传统矩形飞行甲板的"安蒂塔姆"号航母。飞行甲板上布满舰载机，左舷的升降机处于下降状态。

下图是1953年前后，导入斜角飞行甲板后的"安蒂塔姆"号航母。

▶ 从即将着舰的舰载机视角看斜角飞行甲板。照片是中途岛级航母"富兰克林·D.罗斯福"号。

●斜角飞行甲板的服役

插图是埃塞克斯级航母实施的现代化改造的代表性项目，其中最抢眼的改造项目是导入了斜角飞行甲板。这样即使舰载机错过了拦阻索无法完成着舰动作，也不会像传统航母那样发生冲撞拦阻甲板前方维修区域（安全区）之类的事故，仅需要打开发动机加力越过斜角飞行甲板后，复飞进行二次降落而已。导入斜角飞行甲板不仅需要对矩形甲板的外形进行改观，还需要调整升降机的数量、位置。此外，还需要牺牲部分原本属于维修区域和加油区域等安全区的面积。

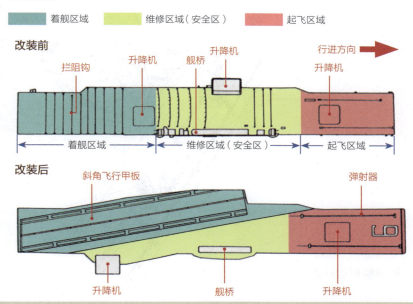

第3章 现代航母与舰载机

CHAPTER 3

06. 拦阻索系统

二战后依旧盛行的着舰拦阻系统

从第二次世界大战到 20 世纪 50 年代初期，航母甲板并非后来的斜角飞行甲板，而是单纯的矩形甲板。舰载机进入喷气时代之初，航母上也依旧是矩形飞行甲板，因此帮助舰载机着舰的拦阻索系统也和第二次世界大战中的型号差距不大。

◀ 被防撞索拦阻的 F9F。❶ 为防范出现错过拦阻索无法正常降落的情形，在 3~5 道拦阻索后方布设了 ❷ 防撞索。防撞索与拦阻索相同，架设在高度约 90 厘米的支柱上，可以将拦阻失败的舰载机直接停住。

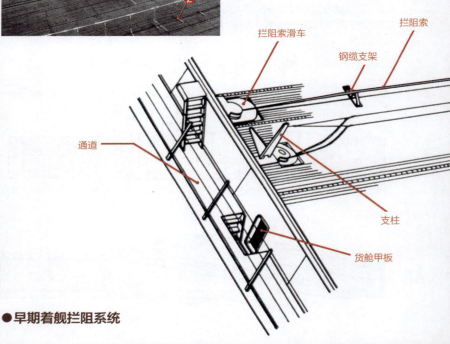

● 早期着舰拦阻系统

▲ F9F 尾钩（着舰钩）扣住拦阻索的情形。舰载机的冲力使拦阻系统逐步释放拦阻索，而拦阻索在释放的同时会逐步制动舰载机。F9F 放下襟翼以最低速度降落飞行甲板。

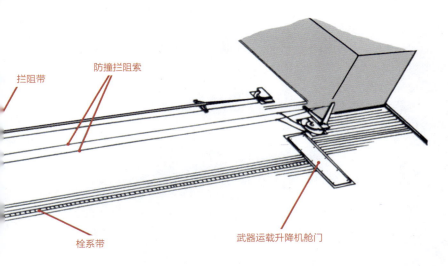

拦阻带　防撞拦阻索　栓系带　武器运载升降机舱门

插图是从第二次世界大战到 20 世纪 50 年代服役的航母拦阻系统，当时装备斜角飞行甲板的航母尚未问世。当舰载机的尾钩扣住拦阻索时，拦阻系统一边释放拦阻索一边进行制动，吸收掉舰载机的动能。为了实施制动，所有的钢缆上施加不同油压，越是接近舰首的钢缆油压也越强。今天，油压制动系统的结构和以前并无根本上的区别，但是航母需要布设 10~15 条拦阻索（埃塞克斯级为 10 条），能释放的拦阻索长度也颇受限制，这是一个不足之处。

CHAPTER 3

07. 光学助降系统
帮助喷气式舰载机安全降落

舰载机步入喷气时代伊始，飞行员只能依靠目视搜寻驾驶舱左前方甲板小角落里 LSO 的身影，随着他的指挥动作完成着舰。但是，虽说 LSO 看得见飞来的舰载机，可飞行员也必须及时捕捉到 LSO 的身影才能跟随他的指挥，这需要花点时间。随着舰载机着舰速度提高，这种方式就难以为继了。

这也是舰载机进入喷气时代之后产生的一个难题——随着着舰速度大幅提高，飞机在滑行航路上的飞行模式也发生了巨大变化，导致飞行员无法看到 LSO 的信号标。

解决这个难题的方法就是导入光学助降系统（甲板光学助降系统），它的发明者是英国海军 M.C.N. 格德哈特中校，据说是利用秘书的小镜子、口红和桌子就想出了雏形。

格德哈特中校发明的光学助降系统于 1953 年在英国海军"卓越"号航母上完成安装实验，据说舰载机能在 2.4 千米（夜间为 4.6 千米）外识别着舰信号。但这需要飞行员的眼睛在着舰时片刻不离光学助降系统，因此后续开发出以红黄绿三色射灯为主的速度警告装置，提高了飞行员的安全度。

1952 年 2 月，光学助降系统和蒸汽弹射系统几乎同时服役于美国海军，根据 27C 改造计划在埃塞克斯级航母 10 号舰上完成了安装改造。图中是 1965 年前后的"香格里拉"号航母，除前文提到的装备外，为了提高着舰装置的效率、加装舰桥的隔声装置等，特地实施了 SCB-27 改造计划。

● 光学助降系统

▼ 光学助降系统的原理

光学助降系统一般在航母飞行甲板上舰载机着舰跑道尽头，是个以反射镜为主体，以一定角度朝向天空的装置。反射镜两侧水平排列的绿色光源为基准光，反射镜的后方发射出高强度白色光束对准镜面，由镜面将光束反射向天空，反射光在着舰飞行员眼里呈现出 D 视域状态。反射镜两侧伸出的臂杆上是两排绿色的基准光，中间是白色光束。当舰载机以正确的角度进入下降航路时，如果高于中线则看到绿色的基准光会在白光的上方（A），反之则会看见白光在基准光下方（C）。只有在进入航路的迎角正确时，才会看到反射镜的白光与基准光处于水平状态（B）。所以，飞行员只要调整机体，使视线内的光线保持水平即可。这套系统被命名为 FLOLS（菲涅尔光学助降系统），后续的改良型叫作 IFLOLS（改进型 IFLOLS）。

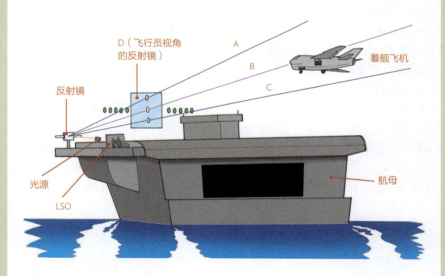

▼ 光学助降系统的结构

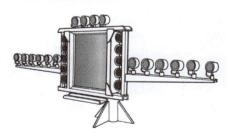

左图是在埃塞克斯级航母上服役的光学助降系统。正中间是反射镜，周围是射灯，反射镜是以水平轴为中心的凹镜，与海平面垂直。光学助降系统利用回转稳定器保持稳定，并安装在与射击管制系统联动的万向节（稳定式旋转台）上，无论海面如何波动都能保持整体稳定性。

CHAPTER 3

08. 福莱斯特级重型航母（1）
梦幻航母"美国"号

到了 20 世纪 50 年代中期，随着喷气式舰载机的成熟，航母也做出了相应的改善，最终人类开启了全新的喷气式舰载机航母时代。而重型舰载机的发展，也迫使作为作战平台的航母进入了重型化时代，最终催生了"福莱斯特"号航母。"福莱斯特"号在规划设计阶段就以高性能、可搭载核武的重型喷气式舰载机作战平台为指导思想，最终成为美国海军后续重型航母的原型舰。

然而，"福莱斯特"号的诞生真可谓好事多磨，绝非一帆风顺的事情。

步入 20 世纪 50 年代，美军的战略武器库中增加了新成员——核武器，其性能在第二次世界大战末期获得了长足发展。

美国海军在核武器运用方针上，将原本舰队决战的主力——航母转为对地攻击的拳头力量，这就需要航母与舰载机达成高效协作，由海上出击对地面发动核打击，以此进一步提升航母的战略价值。

但是，当时的核武器尚未完成轻量化和小型化改进，无法挂载于美国海军既有的舰载机上。因此，开发能够搭载核武器并进行高速攻击的大型喷气式舰载机，以及建造能够成为新型舰载机作战平台的超重型航母的计划被提上日程。

这就是喷气式舰载攻击机 A-3D"天空勇士"，以及"美国"号航母诞生的缘由。这些武器的问世

▲ 插图是对美国现役航母产生重大影响的"美国"号航母。全长 331 米，最大宽幅 60.1 米，满载排水量 83350 吨，含航海指挥人员与飞行员在内，总乘员数为 5500 人，这座庞然大物计划搭载 90~100 架舰载机。

使得冷战以来，一直担忧无法动用战略核武器攻击苏联本土的美国海军大大舒了一口气。

"美国"号航母的飞行甲板宽大，无论是弹射器性能、大尺寸升降机，还是机库的跨高、船身吃水深度等，都是为了契合 A-3D "天空勇士"舰载攻击机的运用进行的设计。最早在 1949 年，"美国"号被定位为排水量 65000 吨的航母开建，不料动工才 5 天就被叫停。

叫停的理由是同级航母的建造数量（美国海军计划建造 8 艘同级航母），以及为搭配航母舰队需要同时开建的新型舰只（39 艘）遭到质疑。8 艘航母的建造费用为 1.9 亿美元，再加上其他装备，总预算高达 12 亿美元，在核战争环境下这样的舰队效费比成了争论的焦点。

此外就是美国海军与空军之间的内斗问题，空军（当时还顶着陆军航空队的名号）在第二次世界大战中就在开发 B-29 轰炸机的后续机型，可以直接从美国本土起飞对目标实施轰炸后再原路返回。

这就是后来的 B-36 "和平卫士"战略轰炸机，可以在美国本土任何一处地点起飞，轰炸世界任何一处地点的目标（当然也包括苏联本土目标）。作为核武器的搭载平台，战略轰炸机的巨大威力不容置疑。而且与航母相比，战略轰炸机的运作更具灵活性。最终，双方的争执焦点集中于航母与大型陆基轰炸机的效费比孰优孰劣上，连议会都被裹挟其中。当时的结果是航母派惨败，以时任美国海军部长的福莱斯特自杀给争论画上了句号。

由于美国海空军的核战略路线之争，导致重型航母建造计划被搁置，不过在 1951 年被重启。饱经这些曲折磨难之后，福莱斯特级航母的首舰"福莱斯特"号终于成功问世。

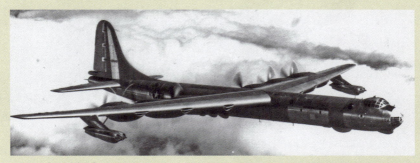

▲ B-36 "和平卫士"的开发早在 1941 年就已经开始，当时的技术条件难以支持这个庞然大物的开发，所以直到 1945 年 9 月才推出了首机。而量产机型的服役需要等到 1951 年以后，作为核威慑力的一环整整服役了 10 年。不过，当时的假想敌苏联已经着手开发洲际弹道导弹（ICBM），战略核武器主角的天平逐渐向 ICBM 倾斜。

CHAPTER 3

09. 福莱斯特级重型航母（2）
美国海军航母吨位的标准

1950年爆发的朝鲜战争，使舆论对航母的评价出现好转。尤其是当时刚开发成功的F2H"女妖"和F9F"黑豹"等喷气式舰载机，由于陆基设施匮乏无法提供援助，美国转而以航母为基地大显身手，再加上航母本身拥有的高速机动能力，两者相辅相成展现出巨大的加成价值。借此东风，满载排水量高达8万吨的福莱斯特级重型航母的建造计划也就提上了日程。不过，那时斜角飞行甲板和蒸汽弹射器尚在研发之中，等到发觉二者的重要性时航母已经开始动工。因此，早期福莱斯特级航母设计如插图所示，与建成后的样子大相径庭。不过，舰体其他部位的尺寸并未发生巨大改动。

"福莱斯特"号的尺寸设计依据是"美国"号航母，这也意味着美国海军航母吨位标准的诞生。

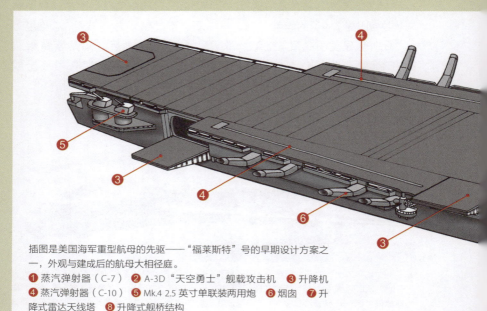

插图是美国海军重型航母的先驱——"福莱斯特"号的早期设计方案之一，外观与建成后的航母大相径庭。
❶ 蒸汽弹射器（C-7）　❷ A-3D"天空勇士"舰载攻击机　❸ 升降机　❹ 蒸汽弹射器（C-10）　❺ Mk.4 2.5英寸单联装两用炮　❻ 烟囱　❼ 升降式雷达天线塔　❽ 升降式舰桥结构

▲ 以"福莱斯特"命名的福莱斯特级首舰（上图）于 1955 年 10 月服役，后续一共建造 4 艘，剩下的 4 艘升级为小鹰级航母（其中一艘升级为约翰·F. 肯尼迪级航母）。后续改造的原因是舰载机取消先发制人战略核攻击任务后，转而走向小型化，以及航母经过舾装和电子装备升级等。该航母全长 325 米，最大宽幅 76.80 米。

● 早期"福莱斯特"号结构设计

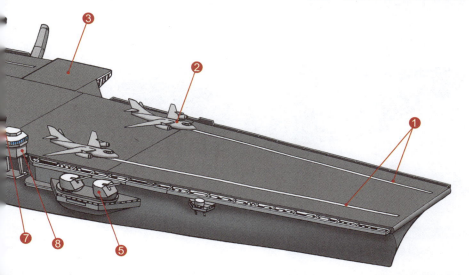

第 3 章 现代航母与舰载机　109

CHAPTER 3

10. 喷气式舰载机的发展

二战导致喷气式舰载机发展滞后

美国海军早在 1940 年就开始研究喷气式舰载机的可行性，最大的问题在于舰载机如何在起伏不定的海面上完成起飞降落动作，当然，舰载机驾驶员也希望能降低起飞降落的难度，而且在孤零零的大洋之上飞行，低油耗的飞机自然是首选。

然而，启动研发的时候也是美国在日本的攻势面前左支右绌的时期，直到 1943 年下半年才逐渐挽回了局面。

喷气式舰载机的研发首先需要美国海军尽快找到负责工作的厂家，当时为美国海军生产舰载机的企业是格鲁曼和福特，而它们正在肩负着繁重的主力舰载机生产任务而无法抽身牺牲主力飞机的产量，当时开发喷气式舰载机并非明智的选择。而负责开发喷气式发动机的后起之秀麦克唐纳公司成功在望，所以美国海军将喷气式舰载机也一并加以委托。

麦克唐纳公司决定后续机型搭载推力为 725 千克的西屋公司 J30-WE-20 轴流式涡喷发动机，该发动机的早期型号叫作 X19B-2B（后续的功率升级改良版本是 J30-WE-20）。从整体布局来看，紧挨着机身在直线

▲ 首款航母搭载的喷气式舰载机 FH-1，正放下尾钩准备着舰。

型主翼根部装着两台发动机，站在今天的角度来看算不上帅气，更像一架会喷气的螺旋桨飞机。1945年1月，美军的喷气式战斗机首飞成功，定型为FD-1鬼怪式，前后有60多架在美国海军服役（1947年6月改名为FH-1）。

FH-1于1947年7月开始在美军服役，1948年5月VF-17A中队携16架战斗机在"塞班"号航母上开始了试验性飞行，这也是世界上首次喷气式舰载机上航母。

这也是海军喷气式舰载机迈出的第一步。问题在于FD-1的性能，虽然它的最高速度可以达到770千米/时，超过了螺旋桨飞机，可是在爬升率、操控性等关键指标上乏善可陈，只能说是螺旋桨飞机换了喷气式发动机而已。

因此，美国海军要求麦克唐纳公司生产性能更高的XF2D-1（后改名为XF2D）型舰载机，由于搭载的是功率达到J30-WE-20双倍推力（1430千克）的J34-WE-22发动机，XF2D-1的性能有了大幅提高。1947年7月首飞成功后，F2H-1（又称"女妖"）的首批56架量产机在美国海军服役。

从1949年5月开始，随着喷气式飞机全面入役，美国海军迎来了喷气式舰载机的时代。为搭载功率更大的发动机，加长型F2H-1（换装J34-WE-34发动机）问世，最终发展出了F2H-2衍生型，并在此基础上开发出美军首款全天候战斗机F2H-2N和照相侦察机F2H-2P，一度成为美国海军航空部队的主力喷气式战斗机，并参加了朝鲜战争。

▲ 正在航母上执行任务的量产型F2H-1"女妖"战斗机。到1953年停产为止，F2H战斗机及其衍生型号一共生产了800多架。

CHAPTER 3

11. F9F"黑豹"/"美洲狮"
支撑喷气式舰载机发展的战斗机家族

舰载机步入喷气时代伊始，与 F2H 共同支撑起美国海军战斗力的是 F9F"黑豹"战斗机，由美国海军主力舰载机的供应商格鲁曼开发。F9 家族大体上可以分为：F9F1 至 F9F5 代号"黑豹"，F9F6 至 F9F9 代号"美洲狮"。

▲"黑豹"的进气口位于主翼根部，和发动机前端的导管成一个整体。搭载 P&W J42 发动机（英国罗尔斯·罗伊斯公司生产的发动机，授权 P&W 公司生产），机首是 4 门 20 毫米机炮，直线型机翼和坚固的机身结构使其成为舰载机的首选。图中是朝鲜战争中在舰队上空飞行的 F9F，肩负对地攻击及轰炸任务。

▲"美洲狮"是"黑豹"机身安装了后掠翼的版本，二者外形极为相似，不过"美洲狮"是美国海军首架纯美国产超声速喷气式战斗机。由于使用了后掠翼，飞机的滚动动作依靠扰流片（襟副翼）控制，升降舵也改良成可动式水平稳定板——水平尾翼。这些改良消除了飞机的声障瓶颈，可以做出老式飞机无法完成的战斗机动。图中是 F9F-8P（照相侦察机）。

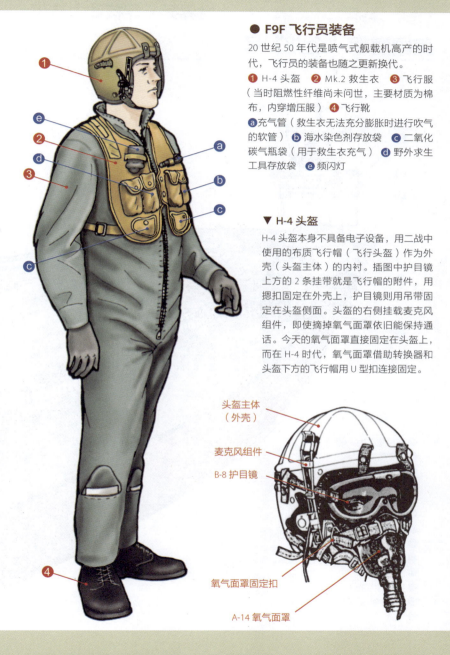

● F9F 飞行员装备

20 世纪 50 年代是喷气式舰载机高产的时代，飞行员的装备也随之更新换代。

❶ H-4 头盔　❷ Mk.2 救生衣　❸ 飞行服（当时阻燃性纤维尚未问世，主要材质为棉布，内穿增压服）　❹ 飞行靴

ⓐ 充气管（救生衣无法充分膨胀时进行吹气的软管）　ⓑ 海水染色剂存放袋　ⓒ 二氧化碳气瓶袋（用于救生衣充气）　ⓓ 野外求生工具存放袋　ⓔ 频闪灯

▼ H-4 头盔

H-4 头盔本身不具备电子设备，用二战中使用的布质飞行帽（飞行头盔）作为外壳（头盔主体）的内衬。插图中护目镜上方的 2 条挂带就是飞行帽的附件，用揿扣固定在外壳上，护目镜则用吊带固定在头盔侧面。头盔的右侧挂载麦克风组件，即使摘掉氧气面罩依旧能保持通话。今天的氧气面罩直接固定在头盔上，而在 H-4 时代，氧气面罩借助转换器和头盔下方的飞行帽用 U 型扣连接固定。

头盔主体（外壳）
麦克风组件
B-8 护目镜
氧气面罩固定扣
A-14 氧气面罩

CHAPTER 3

12. 美国海军"企业"号
世界第一艘核动力航母

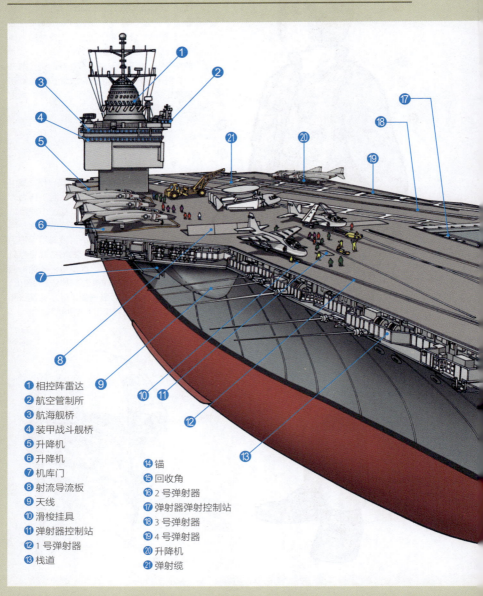

1. 相控阵雷达
2. 航空管制所
3. 航海舰桥
4. 装甲战斗舰桥
5. 升降机
6. 升降机
7. 机库门
8. 射流导流板
9. 天线
10. 滑梭挂具
11. 弹射器控制站
12. 1号弹射器
13. 栈道
14. 锚
15. 回收角
16. 2号弹射器
17. 弹射器弹射控制站
18. 3号弹射器
19. 4号弹射器
20. 升降机
21. 弹射缆

为了有效利用因喷气式舰载机发展而日益庞大的舰体，以核反应堆为主动力的核动力航母应运而生，它最大的优势在于不仅航母可以获得充足的航行动力，弹射器等主要系统也能获得充足的能源。

1961 年 11 月，"企业"号核动力航母开始在美国海军服役。

"企业"（CVN-65）号原本以旧式航母小鹰级为蓝本建造，由于使用了核反应堆而撤销了烟囱，因此利用烟囱的位置在舰桥四壁上安装了相控阵雷达，顶部的主桅杆上加装了为数众多的电子对抗（ECM）天线，成为该舰极为明显的外形特征（完成后续的现代化改造后，舰桥的外形极不起眼）。

标准排水量：7.5 万吨
满载排水量：9.970 万吨
全长：331.6 米
水线面宽：40.5 米
飞行甲板最大宽幅：76.8 米
吃水深度：11.9 米
动力：8 座西屋公司产 A2W 压水反应堆 /4 台 4 轴蒸汽涡轮
功率：28 万马力
最大速度：33.6 节（约 63 千米 / 时）
弹射器：4 座 C-13 弹射器
武器："小猎犬"近程防空导弹
标准舰载机：84 架
船员：3319 人
航空兵人员：2320 人
载弹量：2524 吨
航空燃料搭载量：8500 吨

⊖ ECM：Electronic Counter Measures 的首字母缩写。

第 3 章 现代航母与舰载机　115

CHAPTER 3
13. 核动力装置
核动力航母的优点

目前，美国海军的航母均实现了核动力化。

以反应堆为动力的长处在于，需要装载的燃料极少。虽然核动力舰船需要用铅块和水泥遮蔽核反应堆的辐射线，会占据不少空间和载重量，但是核反应堆不必花费人手去维护烟囱或排气扇等设备，因此

● 舰载核反应堆

▼ 插图是舰载（非航母）一体式压水核反应堆。

舰载核反应堆分为压水型和沸水型两种，绝大部分是压水型反应堆。压水型反应堆的冷却水（一次水）为350摄氏度，为防止出现沸腾现象，利用加压器提高一次循环水的压力，使堆内保持高压状态。一次循环水流入蒸汽发生器内，使发生器内部的水沸腾，制造出水蒸气，并推动涡轮旋转。核动力航母也使用压水型反应堆，虽然同属压水型反应堆，可以根据反应堆容器与蒸汽发生器的组合方式划分成一体式型号和用管道连接的分离式型号。一般来说，核动力航母会搭载分离式反应堆，全球首艘核动力航母"企业"号就是分离式压水反应堆。

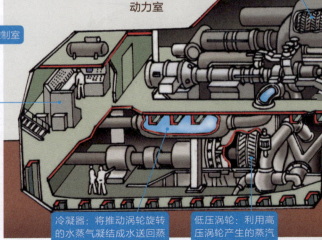

高压涡轮：由蒸汽发生器产生的蒸汽驱动

动力室

动力控制室

冷凝器：将推动涡轮旋转的水蒸气凝结成水送回蒸汽发生器

低压涡轮：利用高压涡轮产生的蒸汽降低旋转的频率

○ 装载的燃料极少：1克铀分裂产生的能量相当于2吨重油，因此核动力燃料的效率远高于其他能源。而且核裂变不会消耗空气，也适用于潜艇推进动力源。

○ 沸水型：反应堆内的冷却水（一次水）不经过加压直接变成蒸汽推动涡轮。这种供能方式受船身摇动的影响难以控制，目前基本上没有应用在船舶上。

对于航母等大型舰船来说利大于弊，还有一个优点是，由于航母自身所需燃料量降低，可以增大航空燃料的运载量（提高舰载机的战斗持续能力）。

此外，核动力机组的燃料棒使用周期很长[一]，使得航母能够维持长距离航行并维持长期作战行能力、提高战斗出勤率。况且，核反应堆可以提供丰富的蒸汽与电力，对于舰载机来说这无疑是一个好消息。

当然，建造维护一艘核动力航母的费用也居高不下。除了需要培养一群管理反应堆的特殊技术人员、解决核废料处理问题及一旦发生事故就会引发核污染的难题外，核动力航母还背负着与生俱来的重大缺陷，这是个不争的事实。

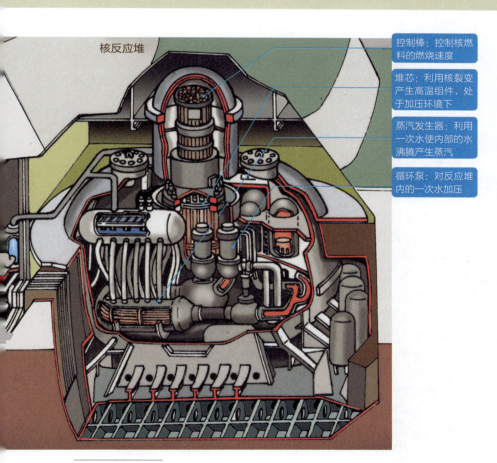

核反应堆

控制棒：控制核燃料的燃烧速度

堆芯：利用核裂变产生高温组件，处于加压环境下

蒸汽发生器：利用一次水使内部的水沸腾产生蒸汽

循环泵：对反应堆内的一次水加压

[一] 燃料棒使用周期很长：核动力航母燃料棒更换周期为40~50年，未来的核反应堆从舰船下水到退役不需要更换燃料棒。

CHAPTER 3

14. 现代航母的布局（1）
基本布局以福莱斯特级为蓝本

今天，美国海军的大型航母布局往往以福莱斯特级为蓝本，包括核动力航母尼米兹级的基本布局也一样。美国海军的尼米兹级核动力航空母舰，也是世界上首次实现量产的核动力航母。

尼米兹级的飞行甲板全长330~333米，最大宽幅（飞行甲板宽幅）为76.8米。从舰尾朝左舷前方是斜角飞行甲板，横跨飞行甲板前端与斜角飞行甲板之间偏左舷共设置4座C13-1蒸汽弹射装置。C-13弹射器（从4号舰开始换装改良型C13-2弹射器）的蒸汽可达70个大气压，可以将重35吨的飞机以220千米/时的速度抛射出去。

弹射器后方是保护飞行甲板地勤人员免于遭受喷气式舰载机尾流伤害的射流导流板，每当弹射舰载机的时候通过油压装置竖起射流导流板。此外，弹射器的侧面是检查弹射器的蒸汽压力、对流速度、大气密度等指标的弹射器控制站。弹射器控制站的装甲顶盖根据安装方式分为固定顶盖（原本为了抵御核生化袭击而采用了可升降结构）和普通顶盖（关上顶盖后成为甲板的一部分，需要起降作业时再打开）两种。固定顶盖最早出现在1975年上舰的综合弹射控制系统（ICCS）上，在1号和2号弹射器、3号和4号弹射器之间各设一处（尼米兹级从6号舰开始均为固定顶盖）。顶盖并非弹射作业的关键设备，最终普通顶盖成为主流。舰载机利用升降机从机库向飞行甲板移动，航母升降机是个重达100吨的巨无霸，陆地设备中根本见不到这种大型升降机。右舷的舰桥构造物前方有2座，后方有1座，左舷后方的斜角飞行甲板侧面有1座，整个航母上一共设置了4座升降机。

舰载机需要挂载多种武器，挂载作业在机库或者飞行甲板上完成。通常武器会分散存放于航母内部的弹药库内，出库后利用升降机将武器运送至飞行甲板上的多个存放点。

舰载机的着舰通道——斜角飞行甲板上有拦阻索（尼米兹级航母共有4条），作为紧急应对手段，拦阻索后方还设置着由支柱（可倒伏的臂杆）支撑的防撞网。

左舷栈道中部是负责引导舰载机着舰的FLOLS，而LSO的工作平台位于栈道的后部。

航母舰桥作为操控航母航行、监管飞行作业的作战指挥中枢，矗立在飞行甲板靠右侧偏后的位置上。整个舰桥分为6层，人员进出的第4层是战斗指挥舰桥，第5层是航海舰桥，第6层是航空管制所（空管），其他楼层塞满了各种电子仪器。当然，尼米兹级核动力航母用不着设置烟囱。

▲ 2001年完成燃料棒更换和升级改造后的"尼米兹"号。

CHAPTER 3
15. 现代航母的布局（2）
细节不同的尼米兹级核动力航母

● "尼米兹"号的布局

插图是 20 世纪 80 年代的尼米兹级首舰"尼米兹"号（编号 CVN-68，1975 年服役）的整体布局。极具 20 世纪 60~70 年代色彩的回收角可以令人一窥当时的舰载机的起飞方式。由于该级航母在 2001 年进行了换装升级，使得同级舰之间的细节各具特色。

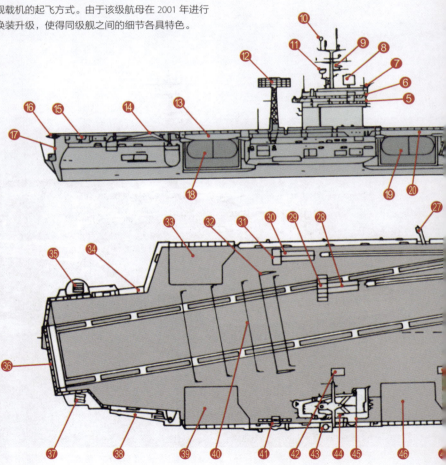

简而言之，虽然统称为尼米兹级航母，但是首舰“尼米兹”号于1975年服役，而10号舰“乔治·布什”号于2009年服役，中间历经34年，自然在设计、工艺等方面的细节出现差异。但是，各舰的舾装、装备等基本布局相同。

①锚 ②栈道 ③“海麻雀”近程防空导弹 ④升降机 ⑤战斗指挥舰桥 ⑥航海舰桥 ⑦航空管制所 ⑧SPS-48三维雷达 ⑨SPS-67对海警戒雷达 ⑩OE-82卫星通信天线 ⑪航空管制雷达 ⑫SPS-49防空警戒雷达 ⑬升降机 ⑭吊车 ⑮“海麻雀”近程防空导弹 ⑯坡道 ⑰舰载机着舰航标灯 ⑱机库门 ⑲机库门 ⑳升降机 ㉑机库门 ㉒回收角（回收弹射缆的位置） ㉓武器专用升降机 ㉔弹射器控制站 ㉕2号弹射器 ㉖射流导流板 ㉗FLOLS ㉘3号弹射器 ㉙射流导流板 ㉚4号弹射器 ㉛射流导流板 ㉜防撞网支架 ㉝升降机 ㉞LSO平台 ㉟“海麻雀”近程防空导弹 ㊱指示灯 ㊲“海麻雀”近程防空导弹 ㊳吊车 ㊴升降机 ㊵拦阻索（3号挂索） ㊶SPS-49防空警戒雷达 ㊷武器专用升降机 ㊸CIWS（密集阵近程武器防御系统） ㊹航母舰桥 ㊺航空管制所 ㊻升降机 ㊼武器专用升降机 ㊽升降机 ㊾射流导流板 ㊿1号弹射器 (51)武器专用升降机 (52)“海麻雀”近程防空导弹 (53)栈道 (54)回收角

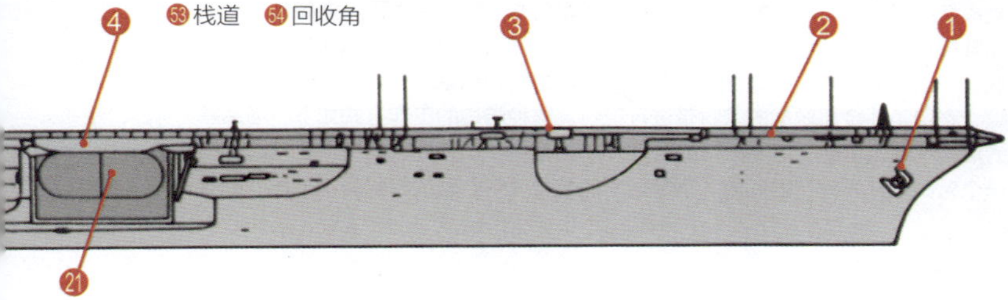

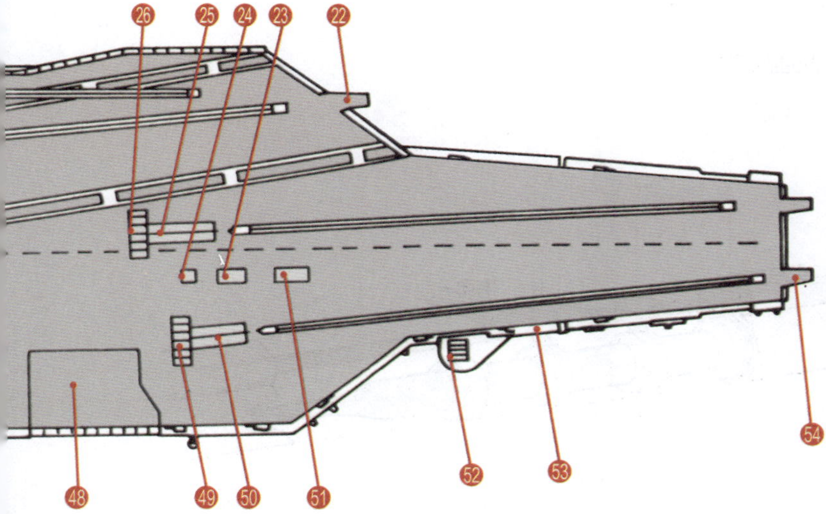

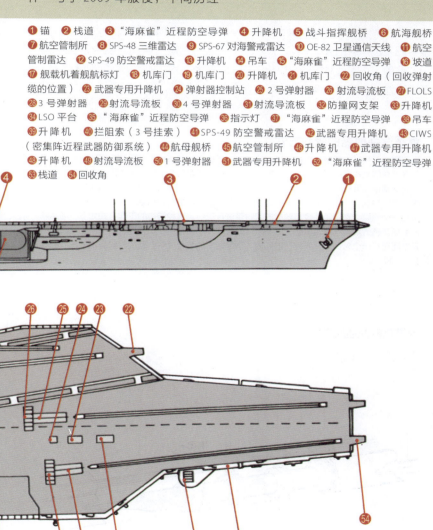

CHAPTER 3

蒸汽弹射（1）
2.5 秒内完成重型舰载机加速

蒸汽弹射器能释放出巨大的力量将舰载机抛射出去。

目前，美国海军核动力航母上的蒸汽弹射器，能在 2.5 秒内将 35 吨重的舰载机加速至 220~270 千米/时。当然，这个瞬间对机身产生的应力极大，要求舰载机必须足够坚固。

● 蒸汽弹射器的密封方式

为了将充入气缸内的蒸汽发挥出最大的威力，最理想的状态是气缸拥有良好的密封性，将蒸汽损耗降至最低的同时，以尽可能高的压力推动活塞后方的汽包。然而，滑梭与推动滑梭的活塞依靠臂杆相连，推动臂杆必须通过一个沟槽形的开口，这个处于运动的位置也要求保持密封状态。最终解决方案是，在气缸开口的位置附近，也就是气缸外壳与气缸之间留出一个间隙，利用柔性金属做成的密封带进行密封。这种结构的工作方式如下：当活塞在高压蒸汽的推动下开始运动，活塞附带的臂杆 A 一边前行一边顶起密封带，在气缸与外壳之间形成一个允许臂杆 A 前行的间隙，活塞后方的臂杆 B 将凸起的密封带向下压，确保封住间隙。

▼蒸汽密封的原理图

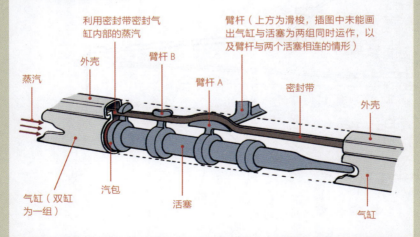

●舰载机惯性超重与前轮

弹射时弹射杆与前轮连接对机身加速，这就要求舰载机的前轮与陆基飞机的结构大相径庭。

与滑梭挂具衔接的 F/A-18 的前轮弹射杆。弹射杆拉动挂具将机身推向前方，与前轮弹射杆相对的是定位杆（完成弹射动作前固定前轮的机构），当滑梭开始行进时定位杆自动松脱，滑梭向前方弹射出去。

弹射杆
滑梭挂具

▼前轮弹射杆

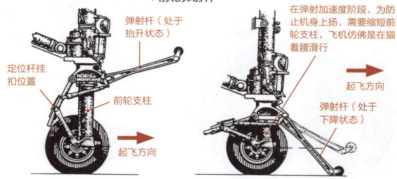

弹射杆（处于抬升状态）
定位杆挂扣位置
前轮支柱
起飞方向

在弹射加速度阶段，为防止机身上扬，需要缩短前轮支柱，飞机仿佛是在猫着腰滑行
起飞方向
弹射杆（处于下降状态）

弹射杆从滑梭挂具脱出，在滑行中的机身上升的瞬间，前轮支柱伸长，利用这个应力使机首抬升，主翼形成大迎角起飞姿态

▼弹射时机身与飞行员的超重情况
（按机身重量 6 吨计算）

加速产生 75 吨的惯性超重
飞行员产生 1 吨惯性超重
油箱产生 25 吨的惯性超重
前轮产生惯性超重 80 吨
每吨挂载重量产生 5 吨的惯性超重
尾翼产生 5 吨的惯性超重

第 3 章 现代航母与舰载机

CHAPTER 3

17. 蒸汽弹射（2）
蒸汽弹射器周边设备

为了保证蒸汽弹射器顺利地完成舰载机弹射任务，航母还配置了各种周边设备，直接与弹射作业有关的是弹射器控制站和弹射控制室。

弹射舰载机之前，位于飞行甲板侧面的弹射器控制站必须确认所需风速、机身重量、蒸汽压力等数据。完成准备工作后，弹射士官会向弹射操作人员发出信号，操作人员根据指令按下弹射键。此时，一系列的工作均由弹射控制室内的人员完成。弹射器控制站上方是防弹玻璃与顶盖，图 A 是固定顶盖，在飞机起飞时处于关闭状态，而图 B 是可以打开的普通顶盖，图 C 是固定顶盖下方弹射器控制站的内部情况，狭小的空间一目了然。

▶ 插图是弹射控制室电源操作面板，掌控着弹射器所用的蒸汽，蒸汽由航母的动力系统（核反应堆）产生。

▲ 上图是 CVN-70 "卡尔·文森"号的飞行甲板弹射器保养作业，从中可一窥弹射器的结构（参照前页）。
❶ 滑梭　❷ 外壳　❸ 密封带　❹ 气缸（内有活塞，滑梭位于连接左右气缸内活塞的臂杆上）
❺ 复位缆（滑梭复位钢缆）　❻ 气缸　❼ 弹射滑道外壳

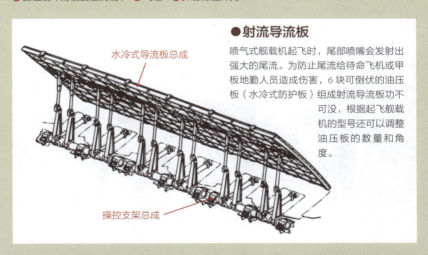

● 射流导流板

喷气式舰载机起飞时，尾部喷嘴会发射出强大的尾流。为防止尾流给待命飞机或甲板地勤人员造成伤害，6 块可倒伏的油压板（水冷式防护板）组成射流导流板功不可没，根据起飞舰载机的型号还可以调整油压板的数量和角度。

CHAPTER 3

18. 蒸汽弹射（3）

舰载机弹射步骤

当 F/A-18D 已将遂行任务的武器保养、挂载完毕，飞行员与武器士官（即 WSO ⊖，乘坐后座，负责雷达与武器操作的士官。F/A-18 的后座也有飞机操控系统，拥有飞行资质的武器系统士官才能上机，只不过身份不是飞行员。）协同机械师对机身进行检查，确认无漏油、无操舵系统故障，没有问题之后飞机才能进入机舱。

飞行员进入机舱负责检查仪表，而 WSO 则负责输入导航系统数据，调整通信频道等准备工作，然后进入发动机起动步骤。

飞行员竖起手指，含义是询问引导员发动机起动前的作业是否结束。当检查结果一切正常时，引导员会依照先左后右的顺序，分别发出起动两台发动机的信号。

完成起动发动机作业后，引导员撤掉固定链和轮挡，飞行员根据引导员的指示驾驶飞机进入弹射位置。

就在将 F/A-18 固定在弹射器的同时，飞行员会再次对飞机的操舵系统进行最终检查，武器挂载人员撤掉飞机挂载武器的保险和保护罩，并最后一次检查导弹等武器的情况。

▲ 指挥 F/A-18 进入弹射位置的引导员（身着黄色头盔和黄色作业服的人）。

⊖ WSO：Weapon System Officer 的首字母缩写。

接下来，甲板地勤人员向飞行员和弹射作业人员举起显示弹射重量数值的电子板，飞行员确认无误发出信号后，飞机前轮弹射杆与滑梭挂具互锁。

机身与滑梭互锁并进入弹射位置后，为防止滑梭提前启动，需将定位杆嵌入飞机前轮的定位装置内。

起飞助理监督舰载机起飞的最终准备作业情况，弹射器控制站内的人员认真监控弹射所需的蒸汽压力、舰载机重量、外部气温、密度、高度等信息，确保弹射能满足舰载机所需的最低时速。

完成以上全部作业后，为保护待命飞机与甲板地勤人员，发射前会竖起射流导流板。

看到起飞助理发出"发动机全开"的信号，飞行员将发动机开到最大。此刻，飞行员对操控系统进行最后一次检查，没有异常时以敬礼方式向起飞助理发出信号，并放开刹车。看到这个信号，起飞助理放低身形指向前进方向发出弹射信号。

看到这个信号后，弹射人员（身处弹射器控制站内）按下弹射键钮。瞬间，蒸汽流入气缸内，滑梭带着将近 30 吨的 F/A-18 以 270 千米/时的速度从飞行甲板弹射而出。

▲ 对飞机行进方向做弹射手势的起飞助理。与此同时，为防弹射带来的冲击，F/A-18 的乘员必须将身体紧贴座椅。

CHAPTER 3

19. 航母甲板地勤人员（1）
"彩虹战队"队员着装

航母之上危险无处不在，稍微大意就可能会造成人员伤亡。在这种环境下，甲板地勤人员在作业中既要保证舰载机的安全，也要保证战斗机发挥出百分之百的战斗力。虽然表面上看所有的地勤人员各自为政，但其实他们是在严格的指挥管理之下完成工作的。因为有时飞行甲板上会聚集起200~500人完成作业，这个时候就要区分好每个人属于哪个班组，在甲板上负责哪项作业，所以不同班组的人穿戴不同颜色的作业服和头盔。因此，有人将他们命名为"彩虹战队"。

美国航母甲板上包括：舰载机引导员（黄色头盔及工作服）、着舰士官、挂钩滑道及舰载机维护人员（绿色头盔及黄色工作服）、舰载机运管人员（蓝色头盔及工作服）、武器挂载人员（红色头盔及工作服）、升降机操作人员（白色头盔及蓝色工作服）、舰载机保养维护人员（绿色头盔及工作服）、燃料补给员（紫色头盔及工作服）等颜色分类。

▲ 插图是身着红色头盔及工作服，正在组装武器并完成挂载作业的武器挂载人员。

●舰载机引导员

插图是身着黄色工作服的舰载机引导员。采用不同颜色的头盔和服装区分甲板作业人员的工种并非航母才有的做法,其他舰艇(不仅是水面舰艇,也包括潜艇)也有相同的做法。

❶ HGU-95/P 飞行甲板专用头盔(附带无线电通话器) ❷ 针织衬衣 ❸ 救生衣 ❹ 无线电 ❺ 海军 3 型新款作业服裤(AOR2 迷彩工装裤) ❻ 飞行甲板专用靴(在飞行甲板作业时的专用靴,前端内衬钢板,其结构能经得起舰载机碾压)

▲ 同时服役的两款飞行甲板专用头盔——HGU24/P 和 HGU-95/P,顶部是代表起飞助理身份的反光胶带。

CHAPTER 3

20. 航母甲板地勤人员（2）
负责飞行作业指挥的士官们

在航母的飞行甲板上，为了保证舰载机能顺利出战，负责不同工作的甲板地勤人员不敢有一丝懈怠。其中，人数最多的当属飞行相关的团队。他们的总负责人就是飞行长，往往由中校担任。

飞行长负责监管一切飞行相关的作业，在舰桥最高楼层的航空管制所掌控全局。主要工作包括：用FM无线电或扩声器，对舰载机与飞行甲板上的地勤人员做出各种指示。

许多飞行相关的作业必须和其他部门协同完成，如舰载机起降时航母必须逆风行驶，弹射器蒸汽的生产供给等，需要舰长直接管控的航海及动力部门协同完成。遇到需要其他部门协助的问题，飞行长通过舰长进行协调。

飞行作业涉及的工作量大、人员众多，单靠一名飞行长难以做到面面俱到。因此，飞行长下属士官

▲"尼米兹"号航空管制所内指挥飞行作业的飞行长（黄色衬衣）与副飞行长（红色衬衣）。

分别分担了部分工作,主要人员如下。

副飞行长:飞行长的直接副手,当飞行长离开航空管制所时接管一切职权。

舰载机运管士官(AHO,黄色头盔及黄色服装):负责飞行甲板及机库之间的舰载机移动、停泊等职责。航母搭载着为数众多的飞机,如果做不到高效运转,甲板会出现塞车现象,导致飞行作业整体迟滞。防止出现塞车现象,确保舰载机能顺利起降就是运管士官的职责。

起飞助理(穿戴橙白相间的条纹带檐头盔和黄色衬衣、救生衣):负责舰载机弹射作业。弹射时必须根据舰载机的型号确定所需风速、气密度、温度、机身重量等数据,决定适宜的蒸汽压力。一旦数据错误,强行进行弹射作业,舰载机可能无法获得足够的飞行速度而从飞行甲板坠入海中。此外,弹射时不能只关注舰载机,还要注意其他舰载机和甲板地勤人员的安全。

多亏了这支"彩虹战队"的指挥与相关人员精准的航空作业,舰载机才能发挥出战斗力。

▲ 航空作业士官(右)与舰载机引导员下士官(左)。在飞行甲板上遂行作业任务的士官与舰载机引导部门的下士官,头戴前后贴着橙白条纹反光胶带的头盔。

CHAPTER 3

21. 航母甲板地勤人员（3）
着舰作业人员及其他成员

着舰士官（穿戴绿色头盔和黄色工作服）除负责保养、管理舰载机着舰不可或缺的 FLOLS 之外，还肩负着其他着舰作业相关设备的使用管理职责，其中最重要的当属着舰系统的管理与操作。

最终完成制动舰载机的关键设备是拦阻索，由于着舰舰载机的重量限制与速度、机型不同（不同机型的构造与强度相异），完成舰载机制动必须调整拦阻索的张力。假如张力不匹配，舰载机钩住拦阻索的瞬间有可能导致机身受损，或者拦阻索被切断等故障。假如拦阻索制动失败，舰载机很有可能无法正常刹车，直接冲入海中，甚至发生过拦阻索断裂，导致飞行甲板上的作业人员遭到严重割伤。

对于着舰士官来说，防范以上事故悲剧，确保舰载机安全着舰是

▲ 设备维修及舰载机保养人员。腰带上挂着工作包，内装工具及作业手册。

▲ 舰载机保养人员。肩扛绿色球形的液氧气瓶，是舰载机飞行员执行任务时必不可少的氧气源。

不容推卸的职责。

除此之外，作为飞行长的左膀右臂进行现场监督的士官，还需要管理好以下甲板地勤人员，完成多种作业：舰载机引导员、弹射人员、制动人员、舰载机维护保养人员、舰载机运管人员（如牵引车人员）、燃料补给人员、武器挂载人员、维修及消防人员、安全医疗人员、升降机操作人员、通信总机人员、舰载机检查人员等。以上人员的身份是船员，不隶属航母航空团队。

▶ 用牵引车移动舰载机的舰载机操作员（卡车司机），身着蓝色头盔及工作服。

▶ 当飞行甲板上的舰载机失火时，负责灭火、救援的失事救助人员。所乘坐的车辆是舰载消防车，着装和武器士官一样，同为红色头盔及工作服。

第 3 章 现代航母与舰载机 133

CHAPTER 3

22. 手势（1）
飞行员和甲板地勤之间的沟通方式

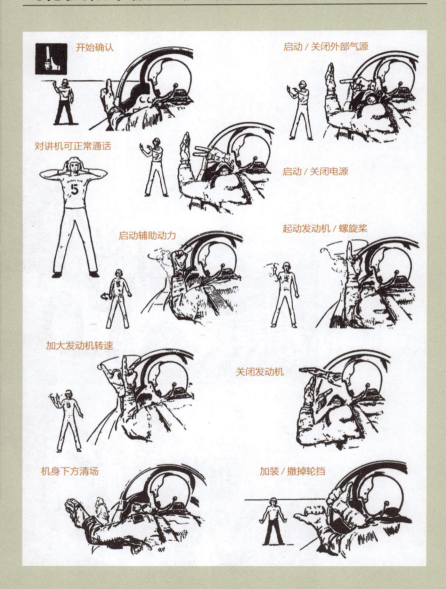

航母的飞行甲板上是喷气发动机的轰鸣声和金属刮擦声的世界。

在这震耳欲聋的环境下，舰载机飞行员和甲板地勤人员之间进行沟通的有效方式莫过于手势。

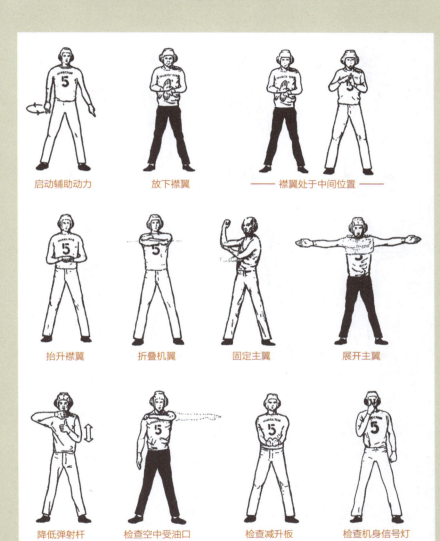

CHAPTER 3

23. 手势（2）
最原始却最有效的沟通方式

启动前起落架

检查水平尾翼

检查方向舵

放下着舰尾钩

检查副翼

向前靠拢

CHAPTER 3

24. 着舰指挥员

负责着舰指挥的六人小组

为了顺利完成着舰，舰载机进入降落航道后，需要 LSO 对飞行员发出适当的建议。LSO 不仅是技术高超的现役飞行员，还必须具有冷静处理意外事故的心理素质，经飞行部队选拔后在 LSO 学校培训期满就可上岗。

每 6 名 LSO 组成一个着舰调度小组，在位于飞行甲板后方，左舷突出位置上的 LSO 专用平台上指挥舰载机着舰。

为整个着舰调度小组负责的是小组长——资深 LSO，直接负责着舰指挥的是正 LSO，在着舰指挥平台上操控着舰摄像系统，引导舰载机依次降落的是副 LSO，由记录员（LSO 实习生）负责记录降落成绩，以及通信员（负责与舰内联络的下士官）、制动人员（确认舰载机的尾钩、起落架、襟翼情况）

▼ 正在引导 T-45 教练机着舰的舰载机引导员们。LSO 所在平台后部除了助降装置之外是挡风板，可以防止舰首吹来的强风对舰载机引导员造成伤害。

等构成一个团队。

监督舰载机的 LSO 身穿白色救生衣，左手是无线电对讲机，右手是被称为"滑雪杖"的 IFLOLS（改良型菲涅尔光学助降系统）操控系统，通过控制指示灯引导舰载机降落。

▶ LSO 右手里像滑雪杖的物体与 LSO 专用平台上的中央控制台（HUD 及助降光学系统控制装置）相连。按动"滑雪杖"拇指下的键钮，降落结束灯（复飞灯上方的绿灯组）开始闪烁，而按动食指下的键钮，则复飞灯（菲涅尔反光镜左右两侧的红色灯组）则会闪烁。食指下的键钮一旦按动之后只要不放开手指，红色灯组会不停闪烁，代表紧急复飞（舰载机重新实施降落流程）指令信号。

第 3 章 现代航母与舰载机　139

CHAPTER 3
25. 着舰拦阻装置（1）
拦阻系统

舰载机在极短的飞行甲板上完成降落，拦阻系统功不可没。拦阻系统属于制动装置，由拦阻索、复位索、液压缸3个部分构成。

◀ 尼米兹级航母维修时拆卸下来的液压缸，全长约15米，重达43吨，可吸收64.4焦耳的动能。

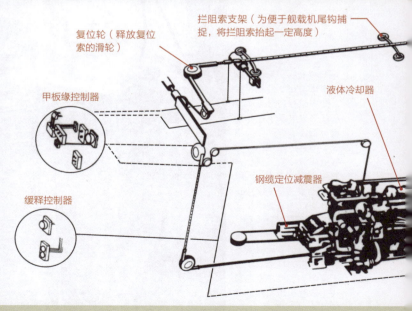

复位轮（释放复位索的滑轮）

拦阻索支架（为便于舰载机尾钩捕捉，将拦阻索抬起一定高度）

甲板缘控制器

液体冷却器

缓释控制器

钢缆定位减震器

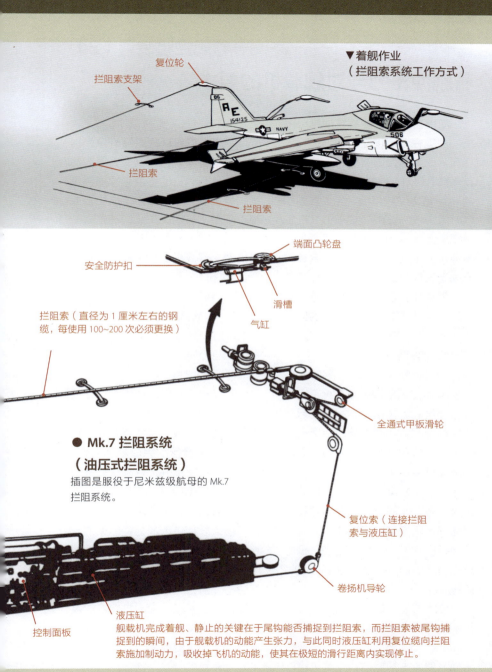

● Mk.7 拦阻系统
（油压式拦阻系统）
插图是服役于尼米兹级航母的 Mk.7 拦阻系统。

舰载机完成着舰、静止的关键在于尾钩能否捕捉到拦阻索，而拦阻索被尾钩捕捉到的瞬间，由于舰载机的动能产生张力，与此同时液压缸利用复位缆向拦阻索施加制动力，吸收掉飞机的动能，使其在极短的滑行距离内实现停止。

第 3 章 现代航母与舰载机 141

CHAPTER 3

26. 着舰拦阻装置（2）
着舰冲击力与对舰载机的要求

简而言之，舰载机实现航母降落的关键在于尾钩能否准确捕捉到拦阻索，再由拦阻索的力量强制停止飞机。例如，速度在 240 千米/时的 F-14 进入飞行甲板，完成着舰动作时尾钩必须耐受 50 吨张力，前轮必须承受 80 吨冲击力等，机身各处需要承受不同的应力。连被索具牢牢固定在座位上的驾驶员，在降落的瞬间身体会被抛向前方，甚至出现过折断牙齿的情况。由于这些严酷的问题，舰载机必须满足远超陆基飞机的强度要求。

陆基喷气式飞机在降落时，以 15 米高度进入跑道，抬升机首降低机身速度几近失速状态才会让起落架接触地面。此时着陆点距离已侧跑道尽头约 300 米，为了缩短滑行距离飞机会启用襟翼、阻流板、刹车等一切手段进行减速，即使这样至少还需滑行 300~1200 米。这种长度的滑行距离可以缓冲冲击力，实现飞机的软着陆，所以陆基飞机的结构与降落装置不需要达到舰载机的强度。

与此不同，在航母上完成着舰只能利用 240~270 米的拦阻甲板（着舰部分），必须要求舰载机拥有耐受强烈冲击的能力，主要包括以下几个方面：

①舰载机着舰装置及机身结构必须足够坚固。为了耐受着舰时的冲击力，舰载机的强度必须能够承受陆基飞机 6 倍的应力（这个强度相当于将飞机用吊车从二楼垂直抛下）。此外，还要考虑飞行甲板不停晃动，舰载机必须具备单轮着舰（美式着舰）的强度。

②捕捉到拦阻索直至停止，尾钩、支架乃至机身都必须能耐受强大的拉力。

③起降时处于大迎角飞行状态也能保证操控性。

④发动机反应必须灵敏，在捕捉拦阻索失误或拦阻索断裂时需要飞行员即刻进入复飞状态，并且在短短 200 米滑行后完成起飞动作，然后进行二次着舰。这种状态被称为"复飞"，即飞行员在飞跃航母着陆灯前五六秒，必须将发动机动力开至最大才能进入捕捉拦阻索的步骤。这样做的原因在于，发动机加速需要花费一定时间，必须提前打开油门，否则无法及时获得紧急复飞的动力。所以，发动机响应速度对舰载机来说极为重要（F/A-18 的发动机起动速度极快，才能做到复飞前加速）。

⑤起落架受冲击力最大，必须能够耐受着舰产生的一切应力。舰载机的轮胎必须达到 2~28PR⊖强度的大直径轮胎，每平方厘米必须耐受 20 千克的压力，轮胎支柱的强度也必须达到陆基飞机的 2 倍以上。

⑥舰载机搭载着昂贵的电子装置或敏感仪器，这些设备组件都必须能耐受着舰冲击，而这些高强度零部件的使用寿命由舰载机着舰的次数决定。

总之，舰载机在设计开发阶段就必须考虑以上问题。此外，本章着重讨论的是着舰方面的问题点，舰载机还需要考虑耐受起飞弹射时的冲击力。

●着舰时舰载机各部分承受压力（机身重 26 吨为例）

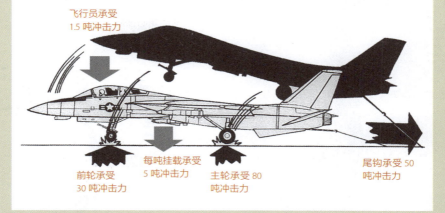

以 9~12 千米/时的下降速度进入飞行甲板，着舰时捕捉到拦阻索的瞬间机身各处所受的冲击。

飞行员承受 1.5 吨冲击力
前轮承受 30 吨冲击力
每吨挂载承受 5 吨冲击力
主轮承受 80 吨冲击力
尾钩承受 50 吨冲击力

⊖ PR 是 Ply Rating 的首字母缩写，指的是为确保轮胎的强度，在生产环节加入多少层的纤维材料，是衡量轮胎强度的一个指标。

CHAPTER 3

27. 拦阻网

截停舰载机的最后一道拦阻装置

当舰载机着舰时未能及时捕捉到拦阻索㊀，可是出于某种理由必须实施迫降，尼龙防撞网㊁就成了航母最后一道拦阻装置。

◀ 制动着舰载机的关键当然是拦阻索，现代航母上一般设置三四道，舰载机往往以舰尾的第 2 道（3 道拦阻索）或第 3 道（4 道拦阻索）为降落目标。每道拦阻索的间隔约 12 米，舰载机尾钩捕捉到索后滑行 100~110 米停止。

● 尼龙防撞网的结构

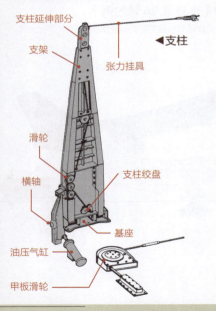

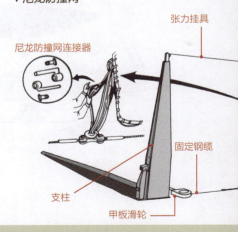

㊀ 未能及时捕捉到拦阻索：通常情况下，舰载机直接加速复飞再次进行着舰即可。
㊁ 尼龙防撞网：以前曾经使用过钢缆防撞网，但是钢缆的危险性较大而改为尼龙网。防撞网通过油压立式支柱扩展成形。

▲ 2009年退役的"小鹰"号航母飞行甲板上挂出的尼龙防撞网（图右侧），可见这个装置个头不小。

▲ 冲入"西奥多·罗斯福"号航母尼龙防撞网中的反潜侦察机S-3，主翼和防撞网缠绕在一起。

▼ 挂带连接部分

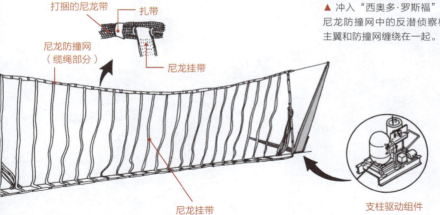

打捆的尼龙带
扎带
尼龙防撞网（缆绳部分）
尼龙挂带
尼龙挂带
支柱驱动组件

第3章 现代航母与舰载机　145

CHAPTER 3

28. 空管中心
对航母附近空域实施管制的控制中心

航母航空管制中心（CATCC [⊖]）是管制舰载机起降的中枢，不同作战任务中出动的舰载机往往不只一两架，甚至会出现数十架飞机在空中等待返航着舰的指令。其中甚至还有部分飞机燃料已经见底（空中加油机可以防止出现这种窘境），诸多问题会纷至沓来。在这种复杂的环境下，排列出合理的降落顺序之后，LSO 直接引导舰载机进入甲板跑

⊖ CATCC：Carrier Air Traffic Control Center 的首字母缩写。

道。而在空中待命的舰载机在空管的指挥下，进入既定高度及降落位置。所有的作业均在航母空中管制中心的指挥下顺利完成。

而在夜间或恶劣天气时，航母空中管制中心的最大作用才会得到完美的体现。每到这时，就会启用航母管制频道（CCA ⊖），它的用途和在恶劣天气下地面基站引导陆基飞机降落的着陆引导管制（GCA）基本相同。CCA 可以掌握、传输航母 110 千米范围内的舰载机位置信息，并对 18 千米范围内的舰载机做出精确管制、引导，确保顺利完成着舰行动。

◀ "哈里·杜鲁门"号航母的空中管制中心，正面屏幕上显示的是航母周边飞行器的信息，图中还显示着飞行中舰载机的燃料余量。

▲ "卡尔文森"号航母空中管制中心的设备照片，也是目前正在服役的装备，图中人员正在进行模拟训练。

⊖ CCA：Carrier Controlled Approach 的首字母缩写。

CHAPTER 3

29. 综合战术指挥中心
航母 CDC 与其他舰艇 CIC 的不同之处

航母的首要任务当然是确保本身的舰载机顺利出击，给敌人以沉重打击。当然，也要预估遭遇敌军反击的风险，如出击部队遭遇敌方打击，甚至航母本身也会成为攻击目标（敌军攻击方向包括空中、海面及水下）。

当遭遇敌军反击时，现代航母综合作战指挥中心（CDC[⊖]）是发挥作战体系打击效率的关键。可以说 CDC 是美国海军专门配备的航母版 CIC。航母 CDC 与其他水上舰艇 CIC 的最大区别在于，CDC 拥有航空指挥管制功能。

以雷达为主的航母舰载侦察系统、航母战斗群（航母打击群）各舰艇及空中侦察机、侦察卫星等收集的作战数据均由 CDC 计算机进行

▲舰载武器防空作战的方式如下，大屏幕上显示的数字与图行是由计算机处理、评估后的目标位置、高度、速度、敌我及威胁度排序等信息。根据作战士官发布上述威胁度数据，操作人员操控射击指挥设备驱动武器发射，或者由作战指挥官决定发射导弹。在导弹发射之后，CDC 系统会评估对目标的损毁程度，根据需要对舰载防空系统发布二次攻击指令。图中为"乔治·华盛顿"号航母的 CDC 作战指挥官。

⊖ CDC：Combat Direction Center 的首字母缩写。

处理分析，并通过数据链向航母及舰队所有作战单位发送指令，同时在防御作战（主要为各舰防御）中肩负指挥任务。CDC 的情报搜集对象不仅限于空中的导弹和飞机，还包括水面舰艇和水下的潜艇，再根据这些情报驱使舰载武器系统及舰载机，高效完成作战任务。

CDC 系统的关键在于先进作战指挥系统（ACDS⊖），它可以收集处理作战相关的一切信息，并做出进攻及防御部署，一切运作均可实现自动化。目前，升级版舰艇自防御系统（SSDS⊖）正在逐步取代 ACDS。

▶ 航母的 CDC 系统拥有向战斗机（在舰艇导弹攻击圈之外迎击敌军）上的导弹提供引导数据，完成攻击敌方目标并向己方各攻击部队分配目标的能力。作战指挥官（飞行部队司令）依据大型显示屏上的数字信息下达指示。图中为监控飞行作业情况的 CDC。

◀ 目前，美国海军服役的航母往往兼任航母战斗群的旗舰，也是作战部队指挥官的坐舰。因此，航母上会设置相当于司令官指挥部功能的战斗群司令部指挥所（TFCC⊖）中枢指挥系统，可直接做出战术级的指令。同时，这里也是作战指挥系统及情报资料的汇集地，司令官根据情报与司令部参谋的意见做出判断，指挥战斗部队行动。图中为"亚伯拉罕·林肯"号航母的 TFCC 操作人员。

⊖ ACDS：Advanced Combat Direction System 的首字母缩写。
⊖ SSDS：Ship Self-Defense System 的首字母缩写。
⊖ TFCC：Tactical Flag Communications Center 的首字母缩写。

CHAPTER 3

30. 航母设备（1）
除了停放之外还具有维修功能的机库

停放舰载机的空间就是机库，战斗机、攻击机、预警机、直升机、反潜侦察机、COD（舰载运输机）等各种飞机都是这里的一分子，它们的体量相差甚远。

第二次世界大战后服役的埃塞克斯级和中途岛级航母的机库高为 5.25 米，面积各为 8010 平方米（埃塞克斯级）、9734 平方米（中途岛级）。然而，重型舰载轰炸机 A-3D "天空勇士" 的问世使得机库的空间捉襟见肘，直到福莱斯特级航母高 7.5 米（跨 3 层甲板）、占地 18171 平方米的机库才解决了问题。7.5 米高的机库是尼米兹级航母的标准配置。

而目前经过改造的现役尼米兹级航母机库全长 208.5 米，最大宽幅 32.9 米，高 8.1 米（跨 3 层甲板），占据舰体 60% 的空间。一般来说，航母机库的大小与航母的吨位成正比，吨位越大当然可以携带更多的

▲从机库的照片可以看出中间没有任何隔层，一旦失火很可能会发展成严重火灾，将机库内的飞机及物资付之一炬。因此，机库内设置了防火防爆闸门，可以将整个空间隔离成 3 个部分，同时灭火的主要手段——水成膜泡沫灭火剂（AFFF）系统在随时待命。

舰载机。

机库既是停放舰载机的空间，同时也是维修、保养舰载机的工厂，因此机库前后方的甲板设置了大量用于机身维修保养的设施。大体上航空电子设备、武器装备在舰首部分，发动机、油压相关的整备设施放在舰尾部分。

▲ 上图为 CVN-69 的发动机整备设施。舰载机的整备设施分为以下几类：发动机、机身结构、油压、轮胎、电池、电装等 91 个整备门类，并汇总为白班整备设施——中级整备设施（Intermediate Level Shops）。舰载机每个部分均有相应的整备人员负责，舰艇团队中的 AIMD 也隶属这个部门。而舰载机的日常维护、定期测试、简单的维修等作业需要动用组织级整备设施，也被称为飞行作业中心，属于飞行部队整备部门级别的单位。管理部门及仓管部门负责接收发放舰载机整备所需的补给品（发动机、电装、武器等多种零部件）。维修部门同时也负责联络及协调各部门，确保舰载机维护作业顺利实施的中枢部门。此外，诸如大修之类高难度整备作业在航母之外的区域实施，通常将机身或发动机等移交给岸上基地或厂家进行维修。

CHAPTER 3

31. 位置优化后的升降机

航母设备（2）

舰载机在机库与飞行甲板之间的移动依靠的是升降机，现代重型航母的升降机往往设置在飞行甲板的船舷一侧。

20 世纪 50 年代设计、建造的大多数航母一般会配制 2~3 部升降机，位置也大多选在飞行甲板前后或中央。这种布局中舰载机上甲板走后方升降机，下机库走前方升降机，从而保证舰载机运转顺利进行。但是这种配制最大的弱点是，任何一台升降机出问题就会影响航母的功能，而且在结构上升降机是个弱点，一旦遭到破坏将危及机库的安全。

对此，美军从埃塞克斯级航母开始将升降机设置在船舷一侧。之后现代航母的原型舰——福莱斯特级的问世，后续的航母升降机均设置在飞行甲板的船舷两侧。

福莱斯特级以后的航母均对升降机的数量和位置进行了调整，而现役航母上左舷升降机移至航母后方，右舷升降机在舰桥前方 2 台、后方 1 台的布局则始于"小鹰"号航母。

▲ 美国海军的核动力航母将升降机设置在船舷两侧，是一个前后长约 23.5 米，左右宽约 15.9 米，面积约 374 平方米，重达 100 余吨的庞然大物，一次可以从机库内搬运 2 架飞机。航母两侧均有升降机，较大的飞机即使稍稍伸出升降机之外也能正常搬运。为了抵御海浪或遭受 NBC 武器攻击后的污染物质，机库的入口可以用双层滑动门进行密封。

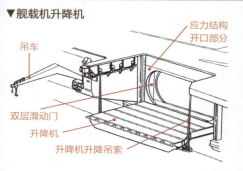

▼舰载机升降机

- 吊车
- 应力结构开口部分
- 双层滑动门
- 升降机
- 升降机升降吊索

武器运输升降机（上图）是专门从弹药库向飞行甲板搬运炸弹或导弹的工具（此外还包括食品补给等作业），类似型号的升降机在飞行甲板上分设多处，不仅限于飞行甲板，各甲板之间的物流也离不开升降机。不过，为了防止升降机成为火灾或爆炸的传导路径，航母上的各层升降机都会故意偏开一定的距离（即一部升降机不会从最下方的甲板直通到飞行甲板上）。此外，最上层的每个升降机的出口均设有开合式舱门，平时关上仓门就会和飞行甲板融为一体。尼米兹级航母的武备运输升降机共有9座，下图是飞行甲板上的操作面板，最上面是可闭合的舱门。

CHAPTER 3

32. 航母设备（3）
多种装备的栖身之所——弹药库

在航母上，存放炸弹、导弹、各种子弹、鱼雷等武备（不仅包括舰载机搭载的武器，也包括航母的自卫装备）的空间是弹药库，一般在舰身靠下方的位置。这个范围在吃水线以下，在多重防弹层、防鱼雷层重重保卫之下，而且为了提高安全系数，这些武器平时并非处于组装完成的状态，各构成组件分别保管。此外，各弹药库还根据危险度及所要求的标准，配备了相应的防范设备。

灭火设备当然不可或缺，温度感应器（高温报警装置）、特殊灭火器等都配备了自动感应系统。

此外，美军航母也会搭载核武器，这就需要航母具备相应的防辐射措施，如防范放射性物质的专用设备、作业人员的防护服及面罩、监控设备等装备自然必不可少。

此外，为了防止弹药库中发生连环爆炸导致舰体遭到重创，相应的措施也极为完备。如设置防火门、强化弹药库的结构（设计弹药库不

▲组装炸弹的情形。炸弹等武备均以组件状态分别保管，相同组件统一存放易于管理，而且有助于合理配制应对火灾的消防设备。

能单纯强化弹药库的结构，还需要考虑救灾抢险作业的顺畅性），此外必须避免将弹药库集中于一处，而是利用动力室做间隔分为两个部分。这种方式虽然会给武器取用作业带来一定的困扰，但是可以大幅提高整体的安全性。

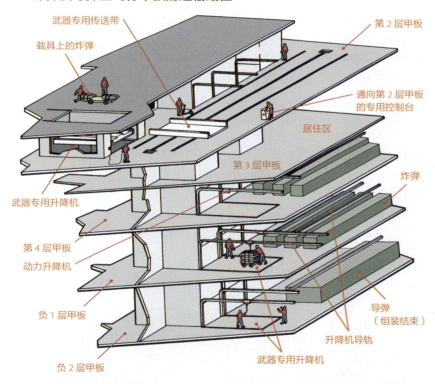

● 炸弹及导弹上飞行甲板的运输路径

▲舰载机挂载的炸弹及导弹按照以下路径送上飞行甲板。弹药库中以卡板方式保存的弹药通过动力升降机拆除卡板后，送上武器传送带平台。

炸弹由传送带送至组装人员过程中，依照流水作业方式安装弹尾、把手、引信，以及根据作战要求完成其他舾装作业。以上流水作业由武器管理士官监控，各部门作业员完成自己所负担的工作。

组装结束后，动力升降机将炮弹调运至载具上（搬运炮弹的台车，根据炮弹的情况分为不同形状），通过人力或各层甲板相连的机械力驱动武器传动带平台转送至武器专用升降机，送往上层甲板，最终抵达飞行甲板下方的武器专用升降机，再送至飞行甲板。运送导弹的路径基本相同。

CHAPTER 3
33. 高强度封闭式舰首
舰首结构

现代航母基本上采用封闭式舰首，也就是说舰首的吃水线到甲板为止是一个整体结构，第二次世界大战中美国海军的"列克星敦"号航母就是类似的舰首。直到1955年竣工的福莱斯特级航母上才再次出现相同的结构（第二次世界大战期间建成的航母均未采用）。

航母的封闭式舰首有哪些长处呢？在第二次世界大战中美国海军的主力航母均为开放式舰首，这是因为美国海军的航母以上层甲板为机库，其上覆盖飞行甲板，无法采用封闭式舰首构造。此外，开放式舰首的部分还可以加装起锚装置，运用舰锚更加得心应手，加装防空机枪射击塔也极为便利。

但是，开放式舰首在强度上极为不利，1945年在冲绳战役中发生了美军航母遭受台风重创的事故——"大黄蜂"号和"本宁顿"号被台风带来的巨浪击中舰首，飞行甲板的前端损失惨重。战后的1959年，"瓦利福奇"号航母在大西洋航行中也遭遇了重大事故——突发性低气压产生的巨浪，飞行甲板前端

▲进入船坞接受改装的CVN-74"约翰·C.斯坦尼斯"号航母封闭式舰首的特征极为明显。舰首左侧正在开始放锚，这种无杆锚的正式名称为"美国海军型无杆锚"。

20米彻底报废。

历经诸多惨痛教训之后，美国海军认识到了封闭式舰首的优势，并纳入了航母设计中。

福莱斯特级之后的美国航母均采用了封闭式舰首设计（航母构造与机库均为封闭式，装甲飞行甲板和高强度甲板的结构也进行了修改），在第二次世界大战中与战后建造的埃塞克斯级、中途岛级中的主力舰也进行了封闭式改造。

舰首的封闭式改造可以把传统的舰首露天甲板上起锚系统收入舰内，与锚机室整合为一个整体，锚机通过舰首开设的卷扬滑道完成起锚作业，而拉起的锚链则存放于锚链库（多达6格甲板）内。

美国海军使用的锚被称为无杆锚，根据大小不同可分为9种。无杆锚的最大特征是，原本锚杆的位置上直接采用固定销连接锚头和锚链，这种结构使锚头能在前后40度内自由转动，增大了锚固力。

▲ CVN-77"乔治·布什"号的锚机室正在进行起锚作业。起锚机卷起的锚链被快速吸入卷扬滑道中。

CHAPTER 3

34. 侧舷及舰尾附属设备 —— 航母舾装（1）

航母的侧舷在低于飞行甲板，与机库甲板同高度的位置上是全天候补给甲板。除了航空燃料、物资、人员进行海上补给及移交作业所需的设备之外，连吊运舰载机、大型货物的吊车也配备到位。

同时，航母舰尾设有舰载机发动机维修及试车区域，可在测试架上直接起动拆卸下来的舰载机发动机，舰尾专门为发动机试车留出了爆声、喷气排放口。

此外，为了引导从舰尾方向着舰的舰载机以最适合的角度进入飞行甲板，舰尾还设置了着舰指示灯。

▼ 由高速战斗支援舰（左）与"德怀特·D.艾森豪威尔"号航母实施海上燃油补给作业。海上补给作业要遵循以下步骤，首先补给舰与受补舰并列航行，双方发射名为"引导缆"的索道，输油管（图中在索道下方垂悬的管道）顺着索道与受补舰受油口相接后开始加注燃油。

▶全天候补给甲板上装备的小艇，主要用于与海港和海上其他舰艇之间的联络、物资运输、人员移交等。此外，使用者也通过全天候补给甲板上下小艇。

▲设置于舰尾的着舰指示灯（黄色棒状物）。为实现安全着舰，位于舰尾方向的飞行员通过目视确认多个不同颜色着舰指示灯的相对位置，将飞机改入正确迎角。

CHAPTER 3

35. 航母舾装（2）
飞行甲板越牢靠越好

舰载机着舰可以说是一种"可控坠机"，意思是强行将飞机停在甲板上，所以舰载机带来的重力冲击对飞行甲板来说也是一种考验。再加上舰载机弹射时产生的冲击力和移动应力、飞行甲板上待命舰载机的重量等，甲板面对的环境不言而喻。不仅如此，虽然飞行甲板、机库用的是高强度甲板，但是在航海中波浪对航母这类大型舰艇甲板产生的扭曲力极大。

因此，飞行甲板追求的就是坚

▲ F-14 战斗机即将降落飞行甲板。虽然过去的埃塞克斯级航母的飞行甲板使用的是厚达 35.6 毫米高强度钢板，但是无法适应喷气式舰载机的起降。与此同时，舰载机的轮胎也必须能吸收着舰时的冲击，而且还要能耐受高空的零下几十摄氏度的低温，因此安全标准极高。这样的轮胎不仅价格昂贵而且损耗极快，只能采用更换垫层（接触跑道的部分换新垫层）方式。

固，旧式的飞行甲板是在高强度钢板上覆盖木板，但是随着重型喷气式舰载机的问世，已经不堪一用。从福莱斯特级开始，新航母的飞行甲板采用高强度钢板表面加涂类似防滑水泥的涂层，制造出粗糙却又坚硬的甲板，在提高耐磨性、耐热性的同时，并拥有优良的防滑性能。

在栈道上操作消防管的甲板地勤人员。栈道是飞行甲板两侧凸出的通道，着舰引导IFLOLS位于左舷中央，LSO的作业场所在左舷后部，舰载机燃料供给管道及消防设备在两舷多个栈道上均有设置。

在栈道上观看舰载机起飞的甲板地勤人员。左侧是IFLOLS，正面是4号弹射器侧面的弹射器控制站（ICCS：固定式综合弹射器控制站）。栈道也可以作为紧急时刻甲板地勤人员的避难场所。

第3章 现代航母与舰载机 161

CHAPTER 3

36. 航母舾装（3）
掌控航母的战斗及航海的舰桥建筑

美国航母的舰桥通常为 6~7 层，6 层舰桥的第 4 层是作战司令舰桥（司令部舰桥），第 5 层为航海舰桥，第 6 层为航空管制所舰桥。

如果负责指挥整个航母打击群的司令官上舰，作战舰桥便成为总指挥部。

航海舰桥内设操舵室，是航母舰长实施航海作业的指挥所。建筑结构上最具特色的广角窗为航海舰桥带来了良好的视野，航海雷达显示器、罗盘、舰舵、方位、航路等仪表一应俱全。当然，显示屏幕上也能直接看到这些仪器的数据。

航海舰桥内除了舰长之外，大副、二副、舵手、值日士官、观察员等各就各位。

航空管制所位于舰桥的最上层，对飞行甲板一目了然。这里负责指挥所有舰载机的起降作业，负责指挥的是飞行长官。

舰桥顶部和后部是各种雷达的天线，包括搜索雷达、航海雷达、海空管制雷达、通信及电子战雷达等。

"德怀特·D.艾森豪威尔"号航母的航海舰桥操舵装置，舵手在岗作业的情形。

● "尼米兹"号航母（CVN-68）舰桥构造

插图是 2000 年以后的"尼米兹"级航母舰桥设备

❶ 战术空中导航天线 ❷ JTIDS（综合情报分配系统）天线 ❸ CEC DIR 天线 ❹ EW 预警雷达 ❺ SPN-43A 航空管制雷达 ❻ SPS-64（V）航海雷达 ❼ SPS-49（V）二维对空搜索雷达 ❽ 语音通信天线 ❾ 遥感勘测天线 ❿ SPN-41 航空引导 ⓫ ECMSLQ-32（V）/AIEWS 电子战天线 ⓬ CIWS ⓭ NSSM Mk.78 Mod."海麻雀"火控雷达 ⓮ 遥感勘测天线 ⓯ 战斗舰桥 ⓰ 航海舰桥 ⓱ SHF 卫星通信天线 ⓲ 航空管制所 ⓳ SHF 卫星通信天线 ⓴ SPS-48E 三维对空搜索雷达 ㉑ HF 钢缆固定器 ㉒ SPS- 对海搜索雷达 ㉓ IFF（AS-3134/UPX 敌我识别天线） ㉔ ESM 天线 ㉕ 风速计 ㉖ UHF 卫星通信天线 ㉗ TAS Mk-23/SPQ-9B 目标捕捉系统天线

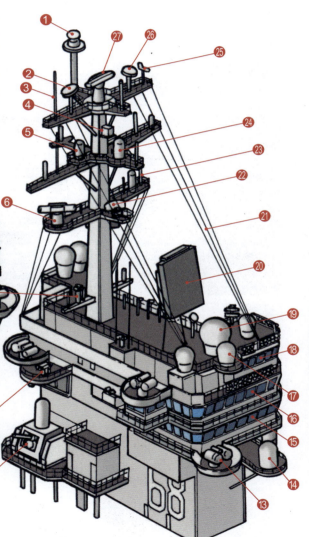

CHAPTER 3

37. 航母舾装（4）
单舰防空武器

一般情况下，航母会与护卫舰艇组成舰队共同行动，由护卫舰艇担负起防空任务。不过，航母自身也携带了单舰防空武器——导弹与防空机炮系统。

● Mk-38
25 毫米防空机炮系统

该武器为舰载机机炮，由 M242 25 毫米炮身配 Mk.88 炮架、光学瞄准构成。发射速度高达每分钟 175 发，最大射程 6800 米。图为"尼米兹"号航母的版本。

用于击落突破舰队防御圈的敌方反舰导弹的密集阵近程武器防御系统（CIWS）。20 毫米火神式航空机炮由火控雷达（搜索雷达和跟踪雷达）、弹仓（内藏 980 发穿甲弹的鼓形弹仓）搭载于自动炮塔（火控管制系统的雷达与机炮自动联动）而成，射速高达每分钟 4000~6000 发。

● 20 毫米火神式航空机炮

● ESSM

▲ 舰艇上搭载的导弹大体分为覆盖整个舰队的长射程区域防御导弹和舰队中用于单舰自卫的单点防御导弹，前者主要由神盾舰管控，后者是航母搭载的自卫武器。目前，美国海军核动力航母搭载的是改进型 RIM-162 "海麻雀"导弹（ESSM）。这型导弹能以低空高速方式迎击目标，可以完成高机动飞行。改进型"海麻雀"导弹还能进行垂直发射，其全长 3.8 米，直径 250 毫米，重 300 千克，速度约为 2.5 马赫，射程为 30~50 千米。

● RIM-116RAM

▲ 从 Mk.49 发射架上发射的 RIM-116RIM。当敌方导弹突破了防空导弹、单点防卫导弹的打击进一步迫近时，RIM-116RIM 就成了航母防御的最后一张王牌，它是专门为 CIWS 无法应对的超声速反舰导弹而开发的单舰防空武器。面对步步进逼的敌方导弹，Mk.49 发射架上的 21 枚导弹可以在极短的时间内如机炮一般腾空而出将其击落。制导方式包括末端制导和红外制导两种方式，因而不需要射击指挥雷达照射目标。弹体长 2.79 米，直径 127 毫米，重 73.5 千克，速度 2.5 马赫，射程 9.6 千米。

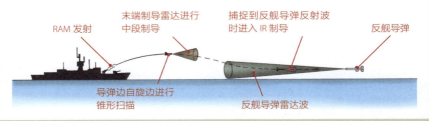

CHAPTER 3

38. F-8 "十字军战士"
以安全着舰为目标的舰载战斗机

在舰载机中，最有特色的机身结构莫过于 F-8 "十字军战士"战斗机。当时正值各国竞相开发超声速战斗机的 20 世纪 50 年代，为了获得更快的超声速战斗机，美国海军竭尽全力降低空气阻力，因此在压缩机身宽幅的同时，采用了 42 度后掠肩翼式主翼和全动式水平尾翼。锥形机首整合了天线罩和进气口，采用 42 度后掠、双侧平切水平主翼和锯齿前缘㊀及副襟翼㊁。再加上 F-100 战斗机的 P&W J57 喷气发动机，

▲ 1952 年美国海军提交超声速舰载战斗机项目，由钱斯沃特公司负责，初期 V-383 战斗机的服役成为 F-8 计划的导火索。1953 年 6 月，美国海军以 XF8U 的名称采购了样机，直接搭载了 P&W J57 发动机，并于 1955 年 3 月首次试飞成功，这次测试飞行也使得 F-8 作为超声速战斗机崭露头角。F-8 大体上可以分为以下几种型号：初期生产的 A 型机（昼间超声速舰载战斗机），以此衍生出 B、C、D 各型机（拥有全天候战斗机功能），E 型机、H 型机（由 D 型机进行延寿及现代化修改升级的版本）、J 型机（由 E 型机改造）、K 型机（由 C 型机改造）、L 型机（由 B 型机改造）等战斗机型号，还包括 RF-8A 和 G 型机（侦察机）等多个型号，总产量 1200 余架。F-8 的表现证明它能胜任海军舰载战斗机与空军战斗机两个角色。

㊀ 锯齿前缘：主翼前缘设计为锯齿状，可以抵消后掠翼引发的翼尖失速现象。
㊁ 副襟翼：兼具襟翼和副翼功能的可操控翼。

F-8 的最高速度可实现 1.48 马赫超声速飞行。

然而，F-8 作为超声速舰载战斗机，在狭小的航母上安全着舰，必须确保即使大幅降低速度也不会出现失速，在低速中也要拥有良好的操控性。对此，F-8 在尾部加装了占总面积 80% 的大型副襟翼，增加前缘襟翼作为提高升力的装置，从而提高了航母起降时的稳定性。此外，F-8 战斗机还有个被称为"双位翼"的特殊构造。

进入着舰姿态的 F-8 战斗机。它可通过油压系统将主翼抬升约 7 度，即机身在水平时机翼依旧成 7 度迎角状态着舰。在后续的 J 型机上，由于导入了附面层控制（BLC）系统，机翼迎角降为 5 度。

● **F-8 高升力结构**

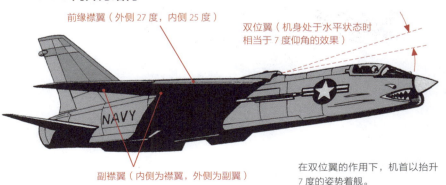

前缘襟翼（外侧 27 度，内侧 25 度）

双位翼（机身处于水平状态时相当于 7 度仰角的效果）

副襟翼（内侧为襟翼，外侧为副翼）

在双位翼的作用下，机首以抬升 7 度的姿势着舰。

CHAPTER 3

39. A-6 "入侵者"
服役三十余年的著名攻击机

格鲁曼 A-6 "入侵者" 攻击机自配备一线美军部队以来，一直使用到 20 世纪 90 年代末期（1996 年最后一支 A-6 部队由"企业"号航母退役），共计服役 30 余年。在这期间历经多次改装，随着电子设备的更新换代，A-6 攻击机从最初的 A 型一直衍生出到 E 型，每次改型后的性能均上了一个新台阶。

A-6 攻击机是 1955 年由美国海军提出新型攻击机计划后，格鲁曼公司负责开发、设计的机型。设计思想定位于"可常年执勤，拥有全天候、超低空战术核打击能力，可在极地环境下作战的攻击机"，因此，A-6 攻击机的开发关键点是全天候攻击能力和武器搭载量。

所以，超声速飞行能力并非重要事项，其巡航速度仅为 776 千米/时，机身的外形设计比较臃肿。

▲ 1970 年前后的 A-6E 攻击机。与 A-6A/B/C 相较，航海导航与攻击系统已经完成了升级。
全长：16.69 米　最大宽幅：16.15 米　高：4.93 米　最大起飞重量：26580 千克　发动机：2 台 P&W J52-P-88（推力 4215 千克）　最大速度：1052 千米/时　续航距离：3150 千米　最大载弹量：8165 千克

● 美国海军飞行员装备
（20世纪60~70年代）

▲ 附带单层遮阳镜的APH-6头盔。A-13A/MBU-3/P氧气面罩。APH-6头盔是战斗机飞行员的常用装备。

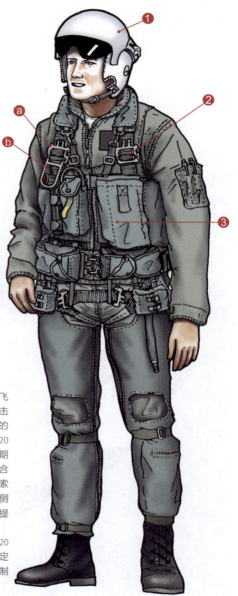

20世纪70年代初期的A-6攻击机飞行员装备。执行夜间任务较多的攻击机飞行员会装备双层遮阳镜型号的❶APH-6A/C头盔，身负❷索具为20世纪60年代服役的MA-2索具。早期型号的索具的材质是尼龙带表面贴合连体式泳衣材料。插图中的MA-2索具背带应该属于后期型号。正面左侧肩部ⓐ是锁扣，连接金属挂件复位提升钩ⓑ，由三角形改良为U型。

图中人物身穿❸LPA-1救生衣，是20世纪60年代服役的产品。为了稳定入水后的人体姿态，颈部周围也配制了浮力袋。

第3章 现代航母与舰载机　　169

CHAPTER 3

40. F-14"雄猫"
以可变翼著称的舰队防空战斗机

作为舰队防空战斗机研发的F-14"雄猫"于1970年12月首次成功试飞，并于1973年开始服役，历经30余年一直活跃在战争第一线，直至2006年最后一支飞行部队解散，标志着"雄猫"彻底退出了军事舞台。"雄猫"最具特色的武器是远程空空导弹AIM-54，及其配套的火控雷达。

在飞机研发史上，可变翼机型虽然多有问世，但最终服役的却是凤毛麟角，而像F-14这样长期服役的机型只有霍克"旋风"可以与之媲美。

负责开发F-14的格鲁曼公司，在F-14以前曾经开发过XF10F"美洲虎"、F-111B（与通用动力公司共同开发）等机型，均以失败告终。在这些机型开发的年代，主翼后移导致飞机重心移位（机身稳定性会发生极大改变）问题，以及后掠翼的强度和复杂结构问题都未能解决。

投下"宝石路"（激光制导炸弹）的F-14，可变翼处于展开状态。该型战斗机的可变翼由声速控制计算机管控，可根据飞机的速度调整主翼的角度，使战斗机一直维持在最佳升阻比状态下飞行。主翼的后掠角可在20~68度间自动调整（在航母机库内为最大75度后掠角）。

● 美国海军飞行员装备
（20 世纪 80~90 年代）

插图是 20 世纪 90 年代中期 F-14 及 F/A-18 的飞行员装备。飞行服上是 MA-2 固定索具、SV-2B 救生衣。
① 救生衣 ② 上升钩 ③ 手电
④ 调节器 ⑤ 频闪仪存放包 ⑥ 伞带切割器及 AN/PRC-90 求生无线电包 ⑦ MA-2 固定索具 ⑧ 闪锁、腿带
⑨ CSU-15/P 抗荷服 ⑩ 飞行靴
⑪ HGU-55/P 头盔 ⑫ 求生工具包（内藏信号弹、照明弹发射器、信号镜等）
⑬ CRU-77/P 氧气面罩 ⑭ 笔袋 ⑮ 闪锁 ⑯ CWU-27/P 飞行服

CHAPTER 3
4-1. 鹞式
垂直/短距起降飞机的杰作

直到今天，问世已久的 V/STOL（垂直/短距起降）飞机——鹞式战斗机依旧在实用化的道路上摸索前行。让鹞式做出垂直起降动作的关键，在于 4 个可变向喷嘴将飞马座涡轮喷气发动机产生的高压空气与喷流气体从机首下方、两翼端部、机身尾部喷出，也就是鹞式特有的姿态控制系统。这使得鹞式战斗机成为最适合的舰载机，最著名的衍生机型为"海鹞"和 AV-8B 战斗机。

▲鹞式垂直/短距起降战斗机的特性备受瞩目，因此专为舰队防空、作战侦察而开发的"海鹞"FRS.1 机型，装备的是蓝狐脉冲多普勒火控雷达。在 1982 年 4 月的马岛战争中，FRS.1 大展身手，但是短板——雷达遭到了批判。因此，作为现代化改装计划，雷达与火控系统（FCS）升级、武器系统现代化被提上了日程，最终成果为"海鹞"FA.2（如图）。1993 年起，"海鹞"FA.2 服役于英国海军，为英国空军/海军部队做出了贡献，直至 2006 年 3 月全部退役。

▲美国海军陆战队服役的 AV-8B 鹞式二改良版，该机型可以使用脉冲多普勒火控雷达引导的 AIM-120 AMRAAM（主动制导空空导弹）。鹞式为美国海军陆战队服役了整整 30 多年，直至 F-35B 的入役才开始退役。但是 F-35B 彻底取代鹞式还需要一定的时日，所以鹞式战斗机还会留下最后一抹身影。

●英国海军"海鹞"战斗机飞行员

右图为英国海军"海鹞"FA.2 的飞行员装备（2005 年）。

❶ Mk.10 头盔（护目镜上附带外罩）
❷ P/Q 氧气面罩
❸ Mk.28 救生衣
❹ 氧气管连接器（调节器）
❺ 单兵装备一套（抗荷服与氧气面罩的软管一体式服装，插图为外罩）
❻ 地图包
❼ 腿带
❽ 飞行靴
❾ CSU-15/P 抗荷服
❿ 飞行服
⓫ Mk.3 型防寒飞行夹克（为了增强服装的保温效果，在结构上采用特制内装尼龙网形成密封空气层）
⓬ 英国海军肩章（军衔中校）

下图为英国空军和海军飞行员使用的 Mk.27 救生衣，基本结构和现役的 Mk.28 相同。

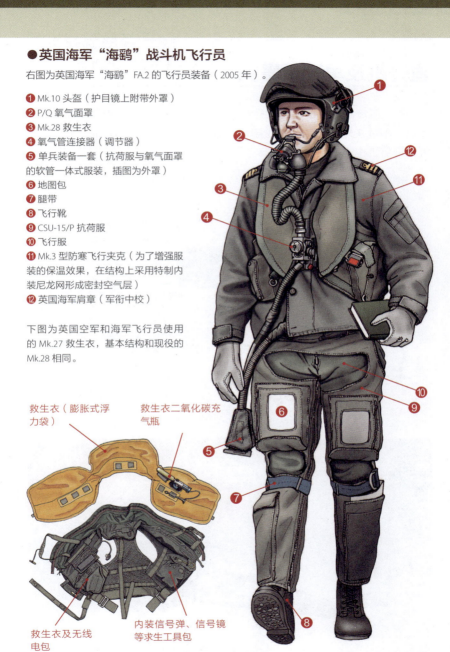

救生衣（膨胀式浮力袋）
救生衣二氧化碳充气瓶
救生衣及无线电包
内装信号弹、信号镜等求生工具包

CHAPTER 3
42. 直升机及早期预警机 —— 其他舰载机型

美军航母的主要武器是舰载战斗机，不过在作战行动中舰载直升机和预警机也不可或缺，目前有两种直升机和一种预警机服役于美国海军航母。

◀ 向航母调运物资的 SH-60F 直升机。海上补给方式中，直升机在垂直方向吊运物资，最大的好处可以直接送达甲板的指定位置上，因而被称为"垂直补给方式"。

◀ SH-60F 舰载反潜直升机装备了声呐浮标、机载磁性探测器（MAD）及投吊式声呐等装备，肩负着侦察、攻击航母打击群（航母战斗群）内侧区域的敌方潜艇任务（CVHELO）。此外，还肩负着救援在飞行任务中海面迫降的飞行员、各舰之间的物资、人员运输等辅助任务。

HH-60H 特种作战直升机肩负着救援迫降敌后的飞行员及运输特种部队完成特种作战任务。该机装备了 AN/ALQ114（红外线干扰装置）、FLIR（前视红外雷达）、激光制导装置（为激光制导炸弹及导弹制导）等电子设备。图为 HH-60H 回收 EOD（爆炸物处理小组）人员的情形。

● 舰队之眼——E-2C"鹰眼"预警机

E-2C"鹰眼"预警机是诺斯罗普·格鲁曼公司的产品（搭载全方位预警雷达，可在空中完成飞行管制、指挥作战的机型），美国海军拥有陆基型和舰载型两种。

▶ 1962 年，初期型号 E-2A 问世，其后经过多次改良，已经在美军服役 50 余年，诞生出多个衍生机型。1971 年服役的 E-2C 首次搭载 AN/APS-120 预警雷达，成为真正意义上的预警机。图为美军换装 AN/APY-9 雷达后的现役预警机 E-2D"先进鹰眼"，成功将 GPS[⊖]/CEC/SATCOM 的天线整合进旋转天线罩。

● E-2C 的作战模式

对于航行在大海上的航母战斗群（航母打击群）来说，主要的威胁包括敌军发射的反舰导弹等水面攻击和敌军潜艇发射的导弹、鱼雷等，为了防范敌军的攻击，E-2C 预警机应运而生。E-2C 预警机一般前出航母 370 千米左右，盘旋在 8500~9000 米的空中负责监视来自海空的敌军进攻。一旦发现目标，就会立即引导、指挥舰队上空的值班战斗机赶赴拦截区域。

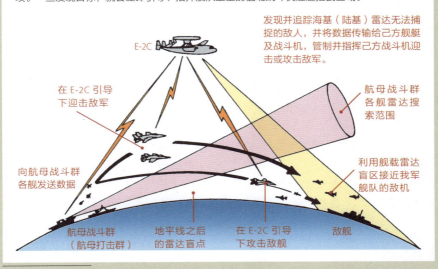

⊖ GPS：Global Positioning System 的首字母缩写。

CHAPTER 3

舰载机飞行员

如何成为海军飞行员

充分发挥航母和舰载机的战斗力，才能将航母作战平台的效能发挥出来，因此航母的乘员们必须尽最大努力保障舰载机的出勤率。而航母乘员也包括其中的精英，也是作战的主要执行者——以舰载机飞行员为代表的航空空勤人员。

航母舰载机包括舰载战斗机、电子战飞机、预警机、反潜机、直升机等，而操控这些飞机的飞行员们必须完成高难度的起降作业，与陆基飞机的空军飞行员的起降差异巨大。对于海军舰载机飞行员来说，除了需要掌握陆基战斗机的科目之外，航母的着舰训练更是重中之重。

美国海军飞行员由志愿士官中选拔，通过适应性考试的合格人员才能成为海军飞行学员。培训科目以课堂教育为主的基础训练为起点，在这个阶段会根据学员的适应性和身体条件，划分为飞行员专业和机组人员（航空系统操作人员）。

选修飞行员科目（以战斗攻击机为例）的学员先接受螺旋桨飞机飞行训练，掌握基础的飞行技能。

其次是编队飞行、仪表飞行、喷气式飞机飞行等高难度科目训练。随着难度的提高，中途放弃人员会越来越多，最终超过三分之一的学员会选择退出。

如果是一名美国空军飞行员，在完成这些训练课程之后会得到一枚飞行徽章（飞行员徽章），表明他已经成长为一名合格的飞行员，然而拦在美国海军飞行员面前的还有航母起降资格这道难关。

航母起降资格要求飞行员在海上起伏不定的航母甲板上接受起降训练，直到能独立完成所有动作。直到此时，获得航母起降资格的美国海军飞行员才能获得一枚飞行徽章，宣告一名美国海军飞行员诞生了。

即使获得了飞行资格，但是后续的训练依旧会持续下去。临时组成的训练飞行队解散后，新手飞行员会被分配到航母飞行队的实战部队中，等待他的是包括实战在内的无数试炼，直至成为一名受大家公认的飞行员，并完整经历首次航母出海任务，被授予上尉军衔为止。

●美国海军战斗攻击机机组人员

插图是 F/A-18E/F "超级大黄蜂"的飞行员与 WSO 的飞行装备。

❶ 拥有联合头盔附带提示系统（JHMCS）的 HGU-87/P 飞行头盔。目前美国海军及海军陆战队使用的 HGU-68/P 飞行头盔上附带 JHMCS 和空优系统（COMBAT EDGE）。空优系统指的是，当飞行员做高过载机动时，头盔内部的气囊会膨胀，对头部后方产生压力，防止血液逆流。这种功能与耐过载飞行服一样，可以防止黑视㊀现象。 ❷ 空优系统的头盔软管。 ❸ LPU-36 救生圈。 ❹ PCU-36 一体式索具及救生衣。 ❺ 飞行靴——威尔科公司产品，内置金属防护靴头。 ❻ CSU-20/P 耐过载服，即空优型耐过载服。 ❼ 连接氧气瓶的软管，即连接氧气面罩与飞机氧气供给装置的软管。 ❽ 飞行手套。 ❾ 耐过载服连接软管。 ❿ CRU-103/P 调节器，由于海军战斗机与海军陆战队战斗机使用的是高压液氧，需要压力调节器。 ⓫ MBU-24/P 氧气面罩，即空优型氧气面罩。 ⓬ CWU-27P 飞行服。

承受高 G 过载时，必须所有的一体化装备都保证正常运转，因此包括氧气面罩、耐过载服等均使用空优型号。

㊀ 黑视：身体主轴向下方向遭遇过高 G 过载时，由于对脑部供血不足，飞行员会出现暂时完全丧失视觉的症状。

CHAPTER 3

44. F/A-18"超级大黄蜂"（1）
兼具攻击机功能的战斗机

美国海军F-14"雄猫"战斗机性能优异，但是机身价格也随着性能水涨船高，无法为所有的飞行部队配备到位。解决问题的方法就是开发F/A-18⊖"超级大黄蜂"战斗攻击机。与以往的战斗机不同，F/A-18兼具攻击机的功能⊜。

▲ F/A-18的火控系统APG-65采用脉冲多普勒方式，将平面天线集约成直径71厘米，开启空对地模式时可完成自动测绘、地形规避、锁定移动目标等动作，处于空对空模式下与F-14的AWG-9火控系统一样，可同时高速跟踪8个目标。图为F/A-18A战斗攻击机。

▲ 20世纪80年代，随着飞机制导方式与感应器的发展，人类进入了24小时全天候作战的时代。顺应时代的潮流，具备在夜间及恶劣气候下完成高效作战的F/A-18C/D夜间战斗机应运而生。随着航空电子设备完成了更新换代，以红外线制导方式为主的新技术大幅提高了武器的命中精度与毁伤能力，在海湾战争中得到了有效印证。

⊖ F/A-18：以诺斯罗普公司的YF-17为原型机，由麦道公司进行全面重新设计，于1978年11月完成首次试飞。F/A的意思是战斗机与攻击机。

⊜ 兼具攻击机的功能：美国海军因此将战斗机中队（VF）与攻击机中队（VA）整合为战斗攻击机中队（VFA）肩负双重任务。

▲ F/A-18C/D 的升级换代机型是 F/A-18E/F "超级大黄蜂"，主翼面积增大 25%，可以归为大型战斗机的行列。除了发动机及雷达等航空电子设备性能大幅提高之外，区域外攻击武器（JDAM 或 JSOW）的加持之下，"超级大黄蜂"的攻击力获得显著提高。

▲ 以 F/A-18F 为基础开发定型的 EA-18G "咆哮者"电子战飞机，主要任务是压制敌方防空网（SEAD⊖），即以电磁手段瘫痪或攻击敌方特定地区防空系统，或者肩负 ECM 任务。

⊖ SEAD：Suppression of Enemy Air Defense 的首字母缩写。

CHAPTER 3

45. —— F/A-18 "超级大黄蜂"（2）
紧急跳伞的利器——弹射椅（弹射座椅）

在航母服役的舰载喷气式战斗机必须在保证高速飞行的同时，也要保证飞行员一旦在起降时遇到紧急情况，即使在0高度情况下也能安全跳伞，弹射椅（喷气式座椅）是不二之选。

弹射椅利用火药的爆炸力，将座椅与驾驶员从驾驶舱内一同弹射至主伞开伞的高度，以上每个步骤均由弹射系统控制。

● F/A-18 弹射椅 Mk.10

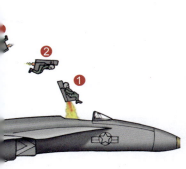

❶ 抛弃舱盖后，起动弹射椅的火箭发动机，整个座椅弹射出机舱。

❷❸ 弹射后的座椅在空中处于不稳定状态，在稳定控制器的作用下飞行员会进入可开伞的姿态。与此同时，稳定控制器会不间断地计算飞行员是否进入可开伞姿态，满足条件时即刻激发制动伞装置（drogue gun）完成开伞。

❹ 稳定控制器激发减速伞制动装置。

❺ 释放引导伞。

❻ 制动伞紧随引导伞释放。

❼ 制动伞完成开伞后，弹射椅的飞行速度减慢（高速状态下开伞会撕破主伞），并能稳定飞行员的姿态，保证开伞的安全性。

❽ 释放主伞。

❾ 随着主伞完成开伞，系统会自动抛弃弹射椅。如果自动抛弃弹射椅失败，可手动抛弃弹射椅。

❿ 作为水面迫降的预备动作，打开野外求生包（分离）。

⓫ 野外求生包打开后橡皮艇会自动展开。

⓬ 在低空（如起降时）紧急跳伞时，利用弹射器将座椅弹射至90米以上的高度（开伞所需的最低高度），只完成主伞开伞与分离弹射椅两个步骤。

▶ F/A-18 弹射椅

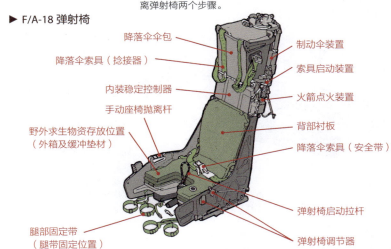

- 降落伞伞包
- 降落伞索具（捻接器）
- 内装稳定控制器
- 手动座椅抛离杆
- 野外求生物资存放位置（外箱及缓冲垫材）
- 腿部固定带（腿带固定位置）
- 制动伞装置
- 索具启动装置
- 火箭点火装置
- 背部衬板
- 降落伞索具（安全带）
- 弹射椅启动拉杆
- 弹射椅调节器

CHAPTER 3
46. 舰载机的攻击武器（1）
防区外攻击武器

● **JSOW 视角解说防区外攻击武器的作战效能**

关于防空武器的射程圈，一般来说前线的低空防空导弹的最大射高约为 1 万米，最大射程约为 20 千米。而在战略支撑点的中、高度短程防空导弹的最大射高为 25000 米，最大射程为 50 千米左右。图为美军防区外攻击武器（JSOW ⊖）的攻击模式，在防区外发起攻击时必须从足够的高度投弹才能保证炸弹拥有足够的滑翔距离。

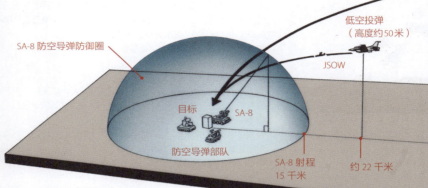

注：SA-8 是苏联（俄罗斯）防空导弹

▼ JSOW（AGM-154B JSOW B）

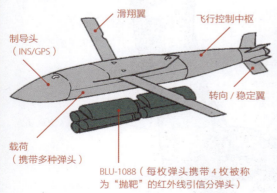

◀ 最大水平滑翔距离可达 93 千米（高度 1.2 万米）的滑翔制导炸弹是 JSOW 的主角。在滑翔起点位置投弹后，会展开滑翔翼，在 INS ⊖ 及 GPS 的引导下修正投弹误差。JSOW 本意指的是运送弹药的载具，可搭载 BLU-97/B（搭载多种毁伤效果的分弹头）、BLU-108/B［搭载感应探头引信及"扩孔器"二阶段式钻地炸弹（BROACH）］等 3 种炸弹。

⊖ JSOW：Joint Stand-Off Weapon 的首字母缩写。
⊖ INS：Inertial Navigation System 的首字母缩写。

在现代战争中,以地空导弹为代表的防空武器威力巨大,所以舰载机往往会在敌方防空武器射程外,用防区外攻击武器(精确制导炸弹)发动攻击。

防区外攻击武器的目标是敌军的重要设施或静止目标,轰炸对象仅限于军事目标,是实施不伤平民的精确轰炸。但在实际作战中,爆炸所产生的破坏依旧有可能波及目标周围的建筑。

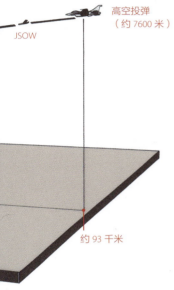

JSOW 高空投弹(约 7600 米)

约 93 千米

▼ GBU-24 "宝石路" Ⅲ

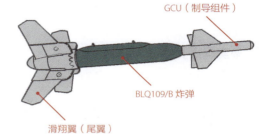

GCU(制导组件)
BLQ109/B 炸弹
滑翔翼(尾翼)

▲ GCU 组件是可以感应激光反射波的可动式激光导引头,也是控制炸弹滑翔的电子中枢组件,利用 GPS 及 INS 制导。滑翔距离约为 20 千米(投弹高度 9000 米)。投弹时,必须保证"宝石路"炸弹落入圆锥形激光反射区内(上旋投弹)。

▼ JDAM

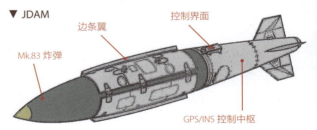

控制界面
边条翼
Mk.83 炸弹
GPS/INS 控制中枢

► JDAM(联合制导攻击武器)一般指的是外挂在普通炸弹弹体上,使其成为全天候精密制导炸弹(即常说的"灵巧炸弹")的制导装置。制导设备包括 INS(惯性导航装置)与 GPS(全球定位系统),最大射程(水平滑翔距离)约 28 千米,制导组件可以挂载于 500~2000 磅的炸弹上。

○ GCU:Guide and Control Unit 的首字母缩写。
○ JDAM:Joint Direct Attack Munition 的首字母缩写。

CHAPTER 3

47. 舰载机的攻击武器（2）

空空导弹

　　战斗机之间的空中决战使用的是 AAM ⊖（空空导弹），制导方式包括半主动雷达制导、主动雷达制导、红外线制导等种类。以射程划分则可以分为 150 千米以上的长程空空导弹、20~150 千米的中程空空导弹和 20 千米以下的短程空空导弹。

● 美国主要空空导弹

▼ AIM-7F

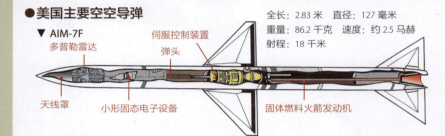

全长：2.83 米　直径：127 毫米
重量：86.2 千克　速度：约 2.5 马赫
射程：18 千米

▼ AIM-9L/M

全长：3.02 米　直径：127 毫米
重量：85.3 千克　速度：约 2.5 马赫
射程：40 千米

▼ AIM-9X

全长：3.66 米　直径：203 毫米
重量：231 千克　速度：约 4 马赫
射程：70 千米

150 千米以上

长程 AAM AIM-54C "不死鸟"（主动雷达制导 + 惯性制导 + 最新自动导航功能）

▲ AIM-54 分为 A（早期型）、B（简易量产型）、C（中程制导外加惯性制导）、ECCM/Sealed（增加反电子干扰功能）等几个型号。

全长 3.9 米　直径：380 毫米
重量：460 千克　速度：5 马赫
射程：150 千米以上

▲ AIM-7 "麻雀"导弹采用半主动雷达制导方式，插图为电子设备小型化之后，将多节省出来的空间转用于火箭发动机之后的增程型号。另外一种采用红外制导方式的响尾蛇导弹服役至今，衍生出多个改良型号。插图的 AIM-9L/M 导弹不仅能以追尾方式，还能从全方位追踪敌机。第四代 AIM-9X 采用中程制导、惯性制导及波束制导方式。

⊖ AAM：Anti-Air Missile 的首字母缩写。

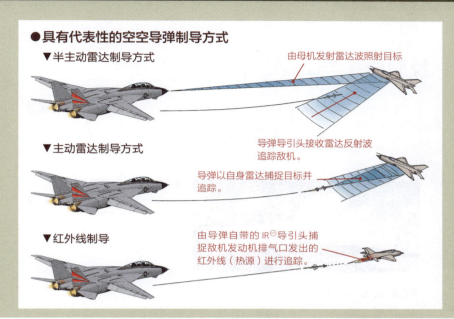

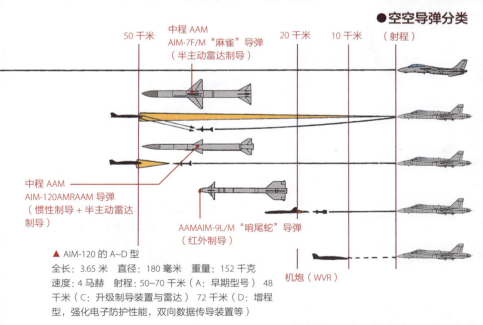

CHAPTER 3

48. 舰载机的攻击武器（3）
反舰导弹与反雷达（反辐射）导弹

攻击海上行驶的敌舰使用的是反舰导弹，而负责压制敌方防空网（SEAD）任务的则是 ARM⊖（反雷达导弹）。近年来，以高速破坏敌军雷达的 HARM⊖导弹也应运而生。

◀ AGM-84"鱼叉"导弹

图为具有代表性的空对舰 AGM-84"鱼叉"导弹。反舰导弹可以由舰艇、飞机、潜艇等平台发射，中程制导为惯性制导，接近目标后启动末端制导，大多为红外线、主动雷达制导方式，射程大多超过 100 千米。

▼ 舰载机反舰导弹的攻击过程

以凌空下降角度攻击防御薄弱的顶部，末段采用红外制导模式

目标

末段采用主动雷达制导模

接近目标时为防止遭到拦截而急速上升（上旋）

惯性制导，进行长距离飞行时为节约燃料采用高高度飞行

"鱼叉"反舰导弹

由战斗机发射

飞行距离短时采用无线电高度计将高度控制在海拔 2~3 米，以惯性制导完成贴海飞行（在冲击波能激起水花的超低空飞行）

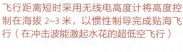

▼ JSM

JSM 是挪威开发的反舰/对地/巡航导弹，射程超过 290 千米，全长 3.7 米、重 407 千克，可挂载于 F-35 上。LRASM 是美国海军正在开发的长程反舰导弹，计划搭载 GPS 及 INS，以战术数据链同外部接收信息，如果遭到干扰则采用自主模式捕捉敌方目标。射程为 800 千米，外形具有雷达隐身性能。

▼ LRASM⊖

⊖ ARM：Anti-Radiation Missile 的首字母缩写。
⊖ HARM：High-speed Anti-Radiation Missile 的首字母缩写。
⊖ LRASM：Long Range Anti-Ship Missile 的首字母缩写。

▶ 美国中程反雷达"哈姆"导弹，捕捉到敌军的雷达波后，启动被动雷达制导方式。先后衍生出 A~E 型号，A~D 型被命名为哈姆，E 型被命名为 AARGM⊖导弹。

全长：4.17 米　直径：245 毫米
重量：363 千克　速度：2 马赫
射程：约 90 千米

▼ AGM-88"哈姆"导弹

▶ 电子战飞机 EA-18G"咆哮者"正在发射 AGM-88E AARGM。ARRGM 是哈姆的最新型号，使用升级后的导引头及控制系统，作战效能得到大幅提高。最大射程为 148 千米，是完成 SEAD 任务的专用导弹。

●二战后销路最好的战斗机——F-4"鬼怪"战斗机

刚问世时，以其独特而丑陋的外形被安了个"丑小鸭"外号的 F-4"鬼怪"战斗机，在后续的实战中证明了自己是一架飞得最快、最远、搭载武器最多、用途最广的战斗机。作为反雷达任务的主力，衍生机型 F-4G"野鼬鼠"一时间独领风骚。

"鬼怪"的开发自 20 世纪 50 代前期提上日程，原型机是麦道公司设计的超声速舰载攻击机 AH-1。然而，美国海军并无明确的要求事项，三番五次修改机身设计，麦道公司为此不胜其烦。然而，在 1958 年 5 月初，"鬼怪"原型机成功试飞，开创了多项世界纪录，其优异的性能举世瞩目。很快，美军开始全面量产，1960 年 12 月美国海军与美国海军陆战队首先接收 F-4 早期型号。而美国海军真正能实战使用的是搭载了 J79-GE-8 发动机的 B 型"鬼怪"，可挂载近 8 吨的武器。到了 1961 年，"鬼怪"正式上舰。而美国空军则看中的是"鬼怪"的 C 型战斗机。

F-4 在越南战争中极为抢眼，获得了英国、德国、日本等十余国的青睐，并在各国服役。后续开发出以"野鼬鼠"为代表的多种衍生机型。

▲ 正在投弹的 F-4B。

▲ 在航母"皇家橡树"号上弹射起飞的英国海军 FG.1"鬼怪"。

⊖ AARGM：Advanced Anti-Radiation Guided Missile 的首字母缩写。

CHAPTER 3

49. 航母飞行队（1）
由多个飞行队构成的空中力量

航母舰载机航空部队由飞行员、机组人员外加地勤人员等辅助人员构成，在组织架构上有别于船员（舰船人员）。指挥航空部队的是航母部队司令，由航空部队参谋制订作战计划，各飞行队依照航母部队司令的指示遂行任务。航空部队司令由除拥有作为飞行队长的作战经验之外，还必须完成航空部队司令资格培训科目，并拥有航母昼夜起降资格的现役飞行员担任。因此，根据任务需要可亲自驾机带领部队作战，往往由中校或上校一级⊖的军官任职。

能够登上航母并成为主心骨的部队就是航母飞行部队（CVW），通常情况下，1艘航母配备1支航空部队

▶ 在"西奥多·罗斯福"号上服役的VFA-87"金色战士"飞行队的飞行员、机组人员、地勤人员，他们身负海上安保、反恐等任务。图中，VFA-87作为CVW-5的战斗攻击飞行队刚刚结束了长达半年的航海任务启程返回陆地（2006年）。目前，VFA-87作为AVW-8战斗飞行队（驾驶F/A-18F）的一分子正在"乔治·布什"号航母上服役。

⊖ 上校一级：航空部队司令官与航母舰长虽然同级，但是在航母上舰长的权限更大。

完成作战任务。在不同的时代,美军航母飞行部队的构成不同。目前,美军航母飞行部队使用的舰载机包括:1个F/A-18F"超级大黄蜂"战斗攻击飞行中队(VFA),3个F/A-18C"大黄蜂"或F/A-18E"超级大黄蜂"中队(VFA或美国海军陆战队战斗攻击机飞行中队VMFA),1个EA-18G"咆哮者"电子战中队(VAQ),1个E-2C/D"鹰眼"预警机中队(VAW),1个MH-60S"夜鹰"(多用途补给支援直升机)海上作战直升机中队(HSM),1个MH-60R"海鹰"(综合多用途舰载直升机)海上攻击直升机中队(HSC),以及C-2A"灰狗"舰载运输机中队(VRC),1个舰载运输机飞行分遣队等部队。

在"罗纳德·里根"号核动力航母上,拥有包括VFA-102中队(F/A-18F)、EVFA-27中队、VFA-115中队、VFA-195中队(同为F/A-18E)、VAQ-141中队(EA-18G)、VAW-125中队(E-2D)、HSC-12中队(MH-60S)、HMS-77中队(MH-60R)、VRC-30中队(C-2A)、第五分遣队(2016年末),合计70余架飞机。

CHAPTER 3

50. 航母飞行队（2）
执行攻击与防御任务的航母飞行部队

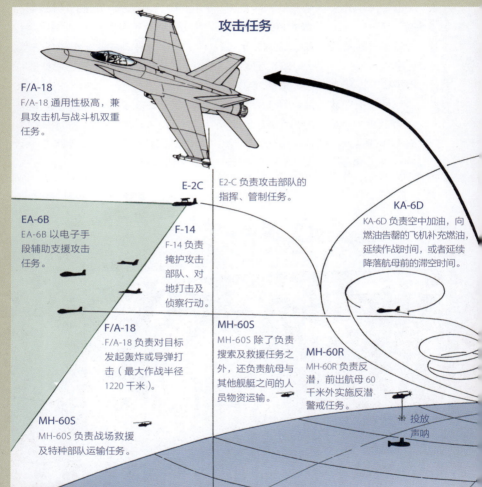

攻击任务

F/A-18
F/A-18 通用性极高，兼具攻击机与战斗机双重任务。

E-2C
E2-C 负责攻击部队的指挥、管制任务。

KA-6D
KA-6D 负责空中加油，向燃油告罄的飞机补充燃油，延续作战时间，或者延续降落航母前的滞空时间。

EA-6B
EA-6B 以电子手段辅助支援攻击任务。

F-14
F-14 负责掩护攻击部队、对地打击及侦察行动。

F/A-18
F/A-18 负责对目标发起轰炸或导弹打击（最大作战半径 1220 千米）。

MH-60S
MH-60S 除了负责搜索及救援任务之外，还负责航母与其他舰艇之间的人员物资运输。

MH-60R
MH-60R 负责反潜，前出航母 60 千米外实施反潜警戒任务。

※ 投放声呐

MH-60S
MH-60S 负责战场救援及特种部队运输任务。

● **航母战斗群（打击群）的舰载机运用方式**

插图是美军航母飞行部队舰载机执行任务的模式，排兵布阵以 2000 年前后的航母飞行部队的舰载机战斗群为例，整体上喷气式战斗机/攻击机的任务基本与今天相同。后图是航母战斗群进行防御作战的模式（目前 F-14 退役，其任务交由 F/A-18，EA-6B 退役，其任务交由 EA-18G 负责）。

以航母为海上基地的舰载机飞行部队，所肩负的任务大体上可分为攻击与防御两类。

在 21 世纪以前，航母飞行部队内设战斗机飞行中队，随着通用性更高的 F/A-18 服役，目前均变更为战斗攻击机飞行中队。

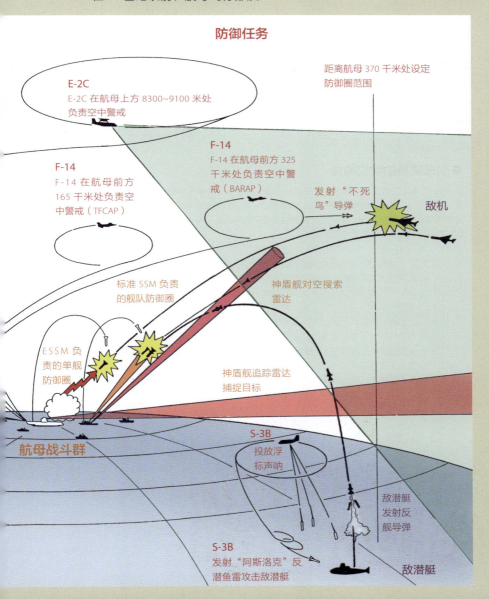

CHAPTER 3

航海中队
驱动航母需要 19 个部门协同作业

20 世纪 90 年代后期，美国海军核动力航母数量过半，航母及其舰载机的电子装备也迈上了一个新台阶，因此到了近些年航母内部的人员构架也发生了调整，可以说核动力航母的近 6000 名舰员是整个航母的精华所在。例如，2003 年服役的"罗纳德·里根"号航母，有用 3200 名舰员（舰船人员），而航母飞行部队及司令部人员为 2500 人。这样的核动力航母上，人员编制到底怎样呢？以下介绍美国航母舰员的详细构成。

●航母乘员的组织构成

近 6000 名美国航母乘员的最高长官是舰长，他不仅是航母的权力中枢，也是肩负着整艘航母责任最重的人。副官直接管理各部门的有效运作，在确保航母的日常作业及战斗效能的同时，也要维持整艘航母的纪律。副官还要负责监督处理舰内的诸多杂事，确保整艘航母依照舰长的要求运转，并维持好舰内的生活环境。

管理·行政部门： 辅佐舰长，监督航母有效运行，听从副官指示。

飞行部门： 负责确保飞行甲板上飞机的运转及相关的辅助作业、设备的使用保养维修。升降机及机库内的飞机搬运也由该部门负责，所属人员多达 600 余人，在 19 个部门中位列第一。

- （V-1） 负责维护飞机在甲板上的安全运行。
- （V-2） 负责甲板上飞机的保养维护、弹射器、拦阻索等设备的运用、保养、管理。
- （V-3） 负责机库及升降机内飞机搬运工作，此外当飞行甲板及机库内失火时负责消防工作。
- （V-4） 负责加注燃油。
- （V-5） 负责辅佐飞行长完成甲板上飞机移动、待命、起降的监督工作。

◀利用牵引车（飞机专用牵引车）将飞机搬运至升降机送入机库的工作由飞行部门 V-3 人员负责。

飞机维修整备部门：负责舰载机维修整备作业。
- （IM-1） 日常管理。
- （IM-2） 负责包括发动机在内的飞机通常维护作业。
- （IM-3） 负责雷达、武器系统等航空电子装备的维护作业。
- （IM-4） 负责飞机运转相关的器材、设备的维护作业。

作战系统部门：负责运用、维修、整备航母作战系统相关的作业。
- （CSR） 负责作战系统中的雷达。
- （CSD） 负责作战系统中的数据传输。
- （CSC） 负责作战系统中的通信。
- （FOX） 负责武器控制系统。

武器部门：负责管理、整备所有舰载武器，所属人员约280人。
- （AZ） 武器部门日常管理。
- （AO） 负责机载武器。
- （EM） 负责武器相关的电气维修。
- （EOD） 负责使用、处理爆炸物。
- （GM） 负责管理枪支。
- （MM） 负责武器相关的机械设备。
- （MA） 负责武器整体管理工作。
- （TM） 负责鱼雷。
- （YM） 负责一般事务。

动力部门：负责航母发动机的运转、整备、维修，以及舰内的电源、供电、家电设备的维修、航海雷达及通信设备的维修养护，甚至包括损管、消防等众多方面，所属人员350余名。

核反应堆部门：负责动力之源——核反应堆的运转、整备、维修。

航海部门：负责制订航海计划，操控航母行驶。

维修·资材·管理部门：负责航母维修及相关资材的调配管理。

安全部门：负责航母及乘员的安全管理，作为执法部门行使职权。

甲板部门：负责维护保养锚、锚链、挂网等航母舾装部分，及其管理、运用作业，包括给航母涂漆。

补给部门：负责制订航母运载的燃料、食品、耗材的补给计划，以及发单、接收、管理，还负责衣物清洗、提供餐饮等工作，S-1至S-12的所有工作均由该部门负责。

计划部门：制订航母作战任务相关的航海计划、飞行计划，以及跟进计划的实施情况。

训练部门：负责培训相关乘员并认证资格，以及制订相关的学习计划、训练支援等工作。

事务部门：负责航母内的一般事务及宣传工作，包括发行航母报、制作航母TV、FM节目并播放。

法务部门：负责法律业务。

医疗部门：管理乘员的健康，负责治疗伤病。

牙科医疗部门：管理乘员的牙科医疗及口腔卫生工作。

牧师部门：负责航母上的宗教仪式及倾听乘员的忏悔、烦恼，类似心理辅导工作。

▶为航母乘员提供优良的膳食是补给部门的任务。图为见习厨师正在烤火鸡。

第3章 现代航母与舰载机　193

CHAPTER 3

52. 航母舰长

管理 5000 多名乘员的重任

作为美军航母的舰长责任重大，尤其是航母飞行部队登船后，必须面对 5000 余人的大部队管理任务。当航海与飞行作业并举时，无数相关的辅助作业必须做到位，才能保证航母上运作顺畅。从飞机修理工作间到满足乘员胃口的厨房，甚至包括小卖部等，航母上的各种设备一应俱全，几乎相当于一座小城市。

舰长必须对这些完全负责，无论航母停泊在港口还是出航作战，无论白天还是黑夜，舰长必须在保证航母和乘员安全的前提下，还要让航母发挥出作战效能。

美国海军航母的上校舰长必须拥有飞行员经验，而且绝大多数舰长是毕业于安纳波利斯海军士官学校，并且在海军服役期间完成海军大学或普通大学的管理经营学进修课程，取得学位的精英人物。此外，舰长人选必须担任过航母飞行部队司令官或航空部队司令官。

归根结底，美国海军只有 11 艘航母（2017 年至今），要想成为其中 1 艘航母的舰长并管理整艘航母，其难度可想而知。唯有在严酷的竞争中取胜，在经验与能力上无可挑剔的顶级海军士官才能成为候选人。舰长的任期通常只有 1 年，唯有业绩好，且得到高层认可的人才有机会迈向将官的仕途。不过，正是由于舰长肩负着整艘航母的一切责任，因此赋予了舰长一定的特权，舰长席就是最好的例子。一般来说，舰长的勤务座席是航海舰桥内的舰长席，位于舰桥左侧，对航母行进方

◀ 图为"亚伯拉罕·林肯"号（CVN-72）号航海舰桥舰长席。可以看到眼前摆着多个显示器和电话。

向与飞行甲板一目了然。此外，舰长席还有能监控飞行甲板上飞机起降作业及舰内情况的监视器，计算机终端的显示器上随时可以看到包括战术情报在内的所有信息，能接通航母任何一个部门的通话装置，可以直接与飞行甲板上作业指挥人员通话的无线电等。只要人在舰长席上就能获得一切必要情报，可以对相关部门下达正确的指令。

舰长不在舰桥时往往在舰长室（舰长室在舰桥附近），分为办公室、主卧和套间，还拥有专用浴缸和厕所。主卧内有床和桌子，以及收纳私人物品的柜子、洗漱间，豪华程度不亚于商务酒店。套间是舰长接待来宾、举办晚会、与航母主要干部开会的地方，会议所需的桌椅、沙发、柜橱等一应俱全，堪比豪华酒店的会议室。

不过，与豪华酒店最大的区别是，舰长室内摆放着航母的测斜仪、风速仪等航海工具，舰长身居室内也能掌握室外的某些情况。当然，监视器、显示器，以及随时能接收外界联络和发出指令的专用电话都已配备到位。

作为一名美军航母舰长（其他军舰的舰长也如此），他的工作时间是24小时，几乎没有私人时间可供消遣。此外，舰长必须为下达的命令负全责，因此必须与其他军官保持一定的距离，真是一个孤独不合群的工作啊！

▶ "罗纳德·里根"号（CVN-76）航母的舰长室套间，为了接待外国来访贵宾，室内的陈设堪称豪华。

CHAPTER 3

53. 航母上的生活（1）
不同军衔的航母乘员的生活方式

在军舰上，舰长与高级军官住单间，其他军官就要互相挤一挤，到了底层士兵就更不要奢望个人隐私，即使到了身宽体胖的航母上也如出一辙。

航母战斗群司令官（舰队长官）及舰长，不仅拥有包括卧室与会客室的私人空间，室内还有沙发、桌椅等配套家具，以及个人洗漱间。到了飞行队部队司令官及副官、各部门长等高级军官也能分配个单间，至于室内家具也只有桌椅、床、衣柜等简单的生活用品。

高级军官之外的中层军官则是双人间甚至多人间，房间内还能看到音响、电视、冰箱，而到了普通士兵的居住区，每人只能分到三层床铺中的一层，以及隐私窗帘和床铺下方的抽

▲为了消解舰员的心理压力，美军航母在航行中会举办各种活动。上图是"乔治·布什"号航母甲板上举办的聚会。类似的活动对于提高乘员士气极为重要。除此之外，为了消除缺乏私人空间和执勤带来的压力，航母等军舰上还安排了电影观赏等各种团体活动，甚至一些军舰还配备了游戏机。

拉式储物格。

美军官兵们的生活环境好坏，和航母的动力性能、战斗效能一样，都是军舰保持战斗力不可或缺的一环。因此，不论高级军官还是下士官，所使用的居住、娱乐、餐饮等生活设施，都是集人体工学（包括通风、照明、降低噪声、外观上对心理的影响力）之大成的产物。

相较于其他国家，美国海军舰船上乘员居住的舒适性较高，依据1954年颁布的"改善舰船居住性、卫生系统等各设备方针"，居住性更高的新舰船正在建设当中。

▶正在使用动感单车的舰员。设置在机库外侧的24小时健身房被指定为运动专属区域，非执勤士兵随时可以使用。在飞行甲板或机库没有作业时，还会允许乘员慢跑。在空间狭小的舰船上，很容易导致人员缺乏运动，这些设施就尤为重要。

▶士兵的私人物品极少，航母只允许携带能收入床铺下抽拉式格层的日常用品。

▼士兵居住的三层床。对于士兵来说，一道薄薄的拉帘是这个狭小空间里保卫自己隐私的唯一防线。但是好歹比人挤人大通铺安心多了。

CHAPTER 3

54. 航母上的生活（2）
如何保障航母的食品供应

为了保障所有的航母舰员能吃好，美军航母分设了 8~9 个高级军官、下士官、下士官及士兵共用餐厅。下士官及士兵共用餐厅一天开放 20 个小时，厨房必须保证随时供应餐饮。

高级军官食堂有两个，其中一个叫作"军官餐厅"，除了早餐之外必须正装出席，算是比较高档的场所。

另一个则是飞行部队的士官食堂，可以身着作业服或飞行服直接用餐，人送外号"脏服军官餐厅"。

据说一艘美军航母一天大约要消耗 1000 份面包、2.4 吨蔬菜、2.2 吨肉类、1.5 吨土豆、9 吨脱水蔬菜。因此，航母上储存的食物堪称海量，多达 110 吨肉类、100 吨蔬菜、70 吨干燥食品、30 吨乳制品。而这些食材

▲下士官食堂领餐窗口。后面的厨房内是经受过厨师培训的补给部门餐厨人员，通过轮班的方式保证近 24 小时内不停提供餐饮。他们必须为包括空勤人员在内的 5000 多人提供膳食，所以航母上有多个厨房，里面的面包烤炉和大号炖锅、厨具、食材清洗机等一应俱全。

只能维持一个半月的消耗，因此每到一处港口都会接受补给，而在战时可以依靠直升机和索道进行海上补给。

指挥一切食物补给的是补给部门长（一般由中校担任），除了所管辖的食品、航母日常消耗的物资和消耗品、小卖部销售商品等，以及航母生活所涉及的补给、维护、供应之外，补给部门长还肩负着生活设施的维修及部门人员管理工作。

▶图为"脏服军官餐厅"。士兵餐厅中使用的是餐盘，而在军官餐厅中使用的是盘子碗碟。士兵食堂的形制类似使用餐票的咖啡厅。而在军官餐厅用餐必须身着白色正装，而且往往是在前任士官的主持下举行晚餐会。

◀图为下士官餐厅。固定式桌椅，只有餐盘可用，比军官餐厅要朴素得多。每人端着自己的餐盘在领餐窗口排队，然后在自己喜欢的座位上食用，与自助餐别无二致。下士官和士兵餐厅免费用餐。

CHAPTER 3

俄罗斯航母
最具特色的"库兹涅佐夫海军上将"号

苏联曾经拥有过仅次于美国海军的航母部队,不过直到 20 世纪 50 年代后期才开始认真制订国产航母计划。

1966 年,首艘搭载反潜直升机的"莫斯科"号直升机巡洋舰服役,这是苏联航母的起点。1976 年,搭载 V/STOL 飞机的基辅级轻型航母服役。

苏联解体后俄罗斯诞生,直到 1991 年才拥有了第一艘真正的航母,也就是服役至今的"库兹涅佐夫海军上将"号航母。

该舰的最大特征莫过于斜角飞

●"库兹涅佐夫海军上将"号

滑跃台的起点位于舰首后方约 60 米处,从这里开始到最前方是 12 度斜坡。当舰载机滑行到甲板尽头时,机首的起落架油压系统会自动抬升,提高战斗机的起飞成功率。此外,战斗机起飞时,飞行甲板上两台导流板可并排竖起,能保证两架飞机同时就位。滑跃台的前端宽度逐渐收窄,可以让两个位置的飞机交替起飞。
全长:304.5 米　最大宽幅:70 米　满载排水量:59100 吨　主动力为蒸汽涡轮。

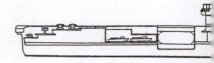

▲进入着舰态势的 Su-33 舰载机。"库兹涅佐夫海军上将"号航母的舰载机包括:Su-33 舰载战斗机、Su-25UTG 舰载教练机、Ka-27PL 反潜直升机、Ka-27ps 搜救直升机、Ka-31 预警直升机。

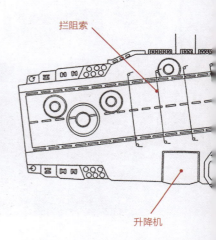

拦阻索

升降机

行甲板和舰首的滑跃坡道，这些结构能满足短距起飞阻拦着舰固定翼飞机（STOBAR 飞机）的有效运作。

斜角飞行甲板在船身中央与主轴左侧呈 5.5 度夹角，长约 205 米，宽约 23 米。

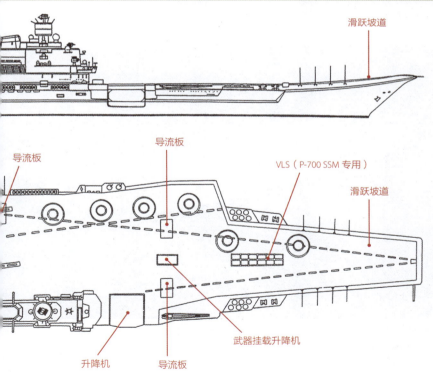

CHAPTER 3

56. 英国航母

已退役的无敌级轻型航母

维护航母的战斗力必然要花费巨额资金，英国海军为了节约维护费用而开发出了无敌级轻型航母，首艘命名舰"无敌"号航母于 1973 年 6 月动工，直至 1980 年 6 月完工。

为了搭载舰载机，轻型航母"无敌"号只能采用大容积结构，因此干舷高度较大。而且舰岛设置在右侧，为了平衡重量只能加大左舷的甲板外延部分。为了解决轻型航母个头小摇摆剧烈的问题，同时兼顾舰载机能安全起降，无敌级创新性地采用了双船底结构增强稳定性。动力系统为燃气涡轮，最大的特征是采用了滑跃平台，大大提升了"海鹞"战斗机的续航能力与武器挂载量。

无敌级共建造 3 艘，目前均已退役，但是无敌级已成为现役轻型航母的一个重要标杆。

▲图为"无敌"号轻型航母，舰首部分是守门员近程防御武器系统（由 30 毫米加特林机炮与火控装置组合成的舰队近防武器系统）。此外，舰桥与烟囱等甲板建筑物在右舷组成舰岛，占整个舰体的比重较大。全长 210 米，最大宽幅 36 米，满载排水量 2.05 万吨，主机是 TM38 燃气涡轮 COGAG 发动机，舰载机为 9 架 V/STOL 战斗机，警戒直升机 9 架，预警直升机 3 架，乘员约 1600 人（含舰员、飞行部队人员、海军陆战队人员）。

图为"无敌"号轻型航母的升降机,以油压驱动Y字形力臂完成升降动作。这种结构取消了美军航母升降机的双侧铰链,不仅降低了升降机的自重,战斗机也更容易进出。

● 滑跃台起飞简介

为提高"海鹞"舰载机的作战效能(具体来说是为提高V/STOL战机的有效载荷,"海鹞"起飞时的自重、武器、燃料等总重量达到了4536千克),特意采用了滑跃式起飞甲板。起飞时"海鹞"将可旋转喷嘴设定为水平方向开始滑行,到达起飞平台时将喷嘴朝向斜下方,这样一来滑行速度加上逆风风速,以及朝斜下方喷出的气流带来的升力,可以在较低的推力和较短的距离完成航母起飞作业。

飞机速度 315 千米/时

滑行结束速度 126 千米/时

甲板逆风速度 42 千米/时

高度 50 米 (起飞 5 秒后)

开始滑行

滑行距离 60 米

滑跃台角度 6~12 度

第 3 章 现代航母与舰载机

CHAPTER 3

57. 意大利与法国航母

"朱塞佩·加里波第"号、"加富尔"号与"戴高乐"号

在意大利海军服役的两艘轻型航母——"朱塞佩·加里波第"号与"加富尔"号,均为燃气涡轮动力航母。

◀在"加富尔"号航母上服役的 NH-90 直升机。该机由法、德、意、荷四国联合开发,搭载 3 台 T700-GE-T6A(1714 轴马力)发动机,操纵系统内设自动驾驶仪,具有极高的操控性。

▶建造伊始,依照意大利空军法规定,意大利海军不得拥有固定翼飞机,因此"朱塞佩·加里波第"号被定位为搭载反潜直升机的航母。但是全通型甲板和滑跃式跑道(6.5 度斜坡)说明,意大利没有放弃 V/STOL 飞机上舰的意图。1985 年该舰服役,1989 年随着意大利空军法的修订,V/STOL 战斗机解禁,到了 1995 年 AV-8B 舰载机上舰。航母全长 180 米,最大宽幅 33.4 米,满载排水量 1.385 万吨,搭载 16 架 AV-8B 舰载机。

▶2008 年,意大利海军第二艘轻型航母"加富尔"号服役,是继"朱塞佩·加里波第"号后的第二艘航母,但是外形与登陆舰极为接近(曾在计划中考虑加装船台甲板)。应该是以美军两栖攻击舰为蓝本进行的设计,舰内还为 300 名海军陆战队队员预留了居住区,而机库也改为可装载坦克的车库。与美军两栖攻击舰最大的区别在于该舰还保留着一定坡度的滑跃式飞行甲板。全长 244 米,最大宽幅 34 米,满载排水量 2.71 万吨。

●法国核动力航母"戴高乐"号

在英国与意大利的航母服役的 V/STOL 战斗机比传统的固定翼飞机速度慢、载弹量低,对于追求攻击力的航母来说,通常的固定翼舰载机尤为重要。法国海军研发"戴高乐"号航母的目的也正是基于这一点。

◀"戴高乐"号上服役的是"阵风"战斗机(海军为"阵风"M 型),"阵风"是三角翼配鸭翼结构,这使得"戴高乐"号成为世界上首艘成功运用三角翼战斗机的航母。三角翼飞机拥有良好的高速性能,却不擅长低速飞行,尤其是滑行距离长、着陆速度大这两个特点,对舰载机来说极为致命。然而,法国海军通过加装鸭翼和自动驾驶仪技术解决了这个问题。此外,在弹射时抬高挂接弹射器的前脚高度,提升起飞升力的弹射支撑功能,也使得三角翼舰载机成为可能。

▲建造"戴高乐"号航母的目的是接替"克莱蒙梭"号航母,作为核动力航母(目前除法国外拥有核动力航母的只有美国),"戴高乐"号全长 261.5 米,最大宽幅 64.4 米,标准排水量 3.66 万吨。与"克莱蒙梭"号相比,无论是排水量和舰体尺寸差距都不大,但是飞行甲板面积有所增加,而且舰桥建筑进行了隐身设计。

▲"戴高乐"号航母原本计划于 1996 年服役,由于财政理由一直拖到了 2001 年,虽然排水量只有美国海军福莱斯特级的一半,但是"戴高乐"号的自卫武器却拥有 4 套"席尔瓦"垂直发射系统(装备"紫菀"ASM15 导弹),以及两套"西北风"短程 SAM 导弹发射器。

CHAPTER 3

58. 西班牙航母与日本舰艇

两栖攻击舰与直升机护卫舰

搭载 V/STOL 舰载机的西班牙"阿斯图里亚斯亲王"号航母于 2013 年退役,由后续舰"胡安·卡洛斯一世"号两栖攻击舰扮演航母角色。

◀ "阿斯图里亚斯亲王"号航母是美国海军于 20 世纪 70 年代制订的 SCS(兼顾反潜、两栖登陆战的廉价版航母)计划的西班牙版原型舰,舰首设置 12 度角滑跃飞行甲板,搭载 V/STOL 战斗机与直升机共 20 架,满载排水量 1.67 万吨,3 台燃气涡轮发动机。

◀ 西班牙首艘两栖攻击舰——"胡安·卡洛斯一世"号,可搭载 10 架 V/STOL 舰载机(现役为 AV-8B,未来计划搭载 F-35B)、20 架直升机,采用井围甲板结构,可携带并投入 4 艘 CCM-1E 型登陆艇,登陆部队约 900 人规模。

●日本海上自卫队直升机护卫舰

虽然日本海上自卫队没有航母,但是拥有类似日向级与出云级两种全通式甲板的直升机护卫舰。

▲ 2013 年 8 月下水的"出云"号,满载排水量 2.6 万吨,全长 248 米、最大宽幅 38 米,拥有全通型甲板,是日本海上自卫队吨位最大的护卫舰。经过处理的飞行甲板可以耐受喷气式战斗机的高温辐射,两座升降机中一座为开放式升降机,为选择舰载机的种类提供了灵活性。或許日本海上自卫队考虑未来导入旋翼机或类似 F-35B 的 STOVL 战斗机。最多可搭载 14 架不同型号的直升机,单舰自卫武器为 Sea RAM。

▲日向级 2 号舰"伊势"号。2009 年 3 月,1 号舰作为日本海上自卫队的直升机护卫舰服役,最大的特征是靠右舷的舰桥建筑,以及全通式甲板(顶层甲板)。主要任务是运用舰载直升机完成预警及反潜作战,并拥有作为舰队旗舰完成指挥、通信、救灾等能力。单舰防御武器包括 C 波段主动式相控阵雷达与 X 波段导弹制导雷达等构成的 FCS-3 防空系统。可搭载各型号直升机 11 架,满载排水量 1.9 万吨,全长 197 米,最大宽幅 33 米。

CHAPTER 4

第 4 章

21 世纪的航母与舰载机

在这一章,我们共同探寻新航母与新舰载机的秘密吧。

CHAPTER 4

01. 美国最新型航母
新型核动力航母"杰拉尔德·R. 福特"号

原本以 CVN-21 名义计划并开建的 21 世纪新型核动力航母，但是最终以 CVN-78"杰拉尔德·R. 福特㊀"号之名问世。

该舰最大的特征是搭载了多种最新装备，包括弹射器、拦阻索在内的主要设备内均采用了电力驱动。

◀ 出于隐身目的，该舰舰岛进行了小型化设计，三个方向安装了主动式相控阵雷达（海上搜索雷达、X 波段 ESSM 制导雷达和广域 S 波段搜索雷达），形成独具特色的外形，位置也比传统的舰桥更加靠后一些。

●电磁弹射器（EMALS㊁）

CVN-78 搭载的全电力电磁弹射装置，可以任意调节作用在舰载机上的加速度，不需要蒸汽弹射器复杂多变的管道及附属装置。此外，电磁弹射器本身具有小型化、易保养等优点。然而，也有一旦停电就无法使用、不成熟的技术尚未发现所有的潜在风险等问题，但是总的来说它是代表着 21 世纪航母的新技术。

电磁弹射与利用磁力的磁悬浮高铁的原理相同，在直线排列的永磁体上安装可动电磁铁，接通电流时改变磁极，原本互相吸引改为互相排斥，从而驱动可动电磁铁前行。将弹射滑梭安放于可动电磁铁上，即可弹射战斗机。

利用 EMALS 弹射 F-35。

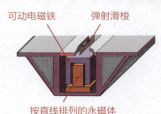

可动电磁铁　弹射滑梭
按直线排列的永磁体

㊀ 杰拉尔德·R. 福特：美国第 38 任总统。
㊁ EMALS：Electromagnetic Aircraft Launch System 的缩写。

至今为止，美国海军以 10 艘尼米兹级核动力航母为中心形成航母打击群（2003 年以前为航母战斗群，每个打击群由 1 艘航母及相关的舰载机、多艘护卫舰、补给舰构成），随着"杰拉尔德·R. 福特"号航母的加入，形成了美国海军 11 艘核动力航母态势。"福特"号的发动机是核动力涡轮（2 座 A1B 增压型核反应堆驱动 4 台蒸汽涡轮机），驱动高性能发电机产生巨大的电力，堪比 16 万千瓦的发电站。此外，由于导入了众多新技术，航母的自动化程度大幅提高，为节约人手与经费做出巨大贡献。该航母 2017 年 7 月服役，建造费 60 亿美元。

满载排水量：10.16 万吨
全长：333 米
最大宽度：41 米
搭载舰载机：75 架

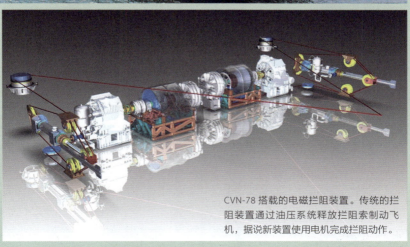

CVN-78 搭载的电磁拦阻装置。传统的拦阻装置通过油压系统释放拦阻索制动飞机，据说新装置使用电机完成拦阻动作。

CHAPTER 4

02. "伊丽莎白女王"号 — 英国最新航母

"伊丽莎白女王"号航母作为无敌级的后续航母早于 20 世纪 90 年代开始设计规划,经过多次变更后成为目前的外形。2009 年开始建造,于 2019 年服役。

伊丽莎白女王级航母的最大特征莫过于双岛舰桥,前方为航海及海战设备专用舰桥,后方为航空管制设施专用舰桥。

原本航母上一座舰桥的功能分割成两个部分,据说将飞行作战管制、监督工作独立出去后,可以在改善航母效率的同时,缩短主机的排气路径,提供抗战损性,分散打击破坏带来的损失。

这是早期英国海军公开的伊丽莎白女王级航母的构想图。飞行甲板右舷是两座升降机(图中升降机处于下降状态,右舷方向方形缺口是升降机的位置),搭载 30 架 F-35B 战斗机与各型号直升机 10 架。该级航母排水量 4.5 万吨,体量远超无敌级航母。全长 284 米,最大宽幅 93 米。

▲建造中的伊丽莎白女王级舰首部分,为满足短距离/垂直起降战斗机设计的滑跃跑道外形清晰可见。

▲在本图中可直观了解建造中的伊丽莎白女王级首舰的整体舰容。

第 4 章 21世纪的航母与舰载机 213

CHAPTER 4
03.   F-35C

新一代舰载机 F-35 "闪电Ⅱ"

F-35⊖"闪电Ⅱ"是美英共同开发的联合战斗攻击机计划选定的型号,由洛克希德·马丁公司作为F/A-18系列战斗攻击机的后续机型研发而成。

作为第五代战斗机,F-35拥有雷达难以探测的隐身性能,以及在空中可以即时收集情报,并通过作战网络发挥出体系战的威力。

◀ 作为舰载机,F-35C的起落架进行了强化设计,前轮使用双轮胎结构。前轮支柱上安装了用于弹射起飞的弹射杆,机首下方凸出的部分是EOTS ⊖(光电瞄准系统),即整合了红外线捕捉目标、激光制导武器标记目标功能的感应器,也可用于战术侦察。机首的整流罩内暗藏诺斯罗普·格鲁曼公司生产的有源电子相控阵雷达的天线,探测距离为167千米。

▼ 图中F-35C未放下尾钩,应该在进行"触飞"训练。作为舰载机,为保持低速时(尤其是航母起降)的升力与稳定性,F-35C采用了面积较大的主翼、垂直尾翼与水平尾翼。

⊖ F-35:分为A型(通常起降型)、B型(短距离/垂直起降型)、C型(舰载机型)。
⊖ EOTS:Electro-Optical Targeting System 的首字母缩写。

● F-35C 飞行员

图中为 F-35C 飞行员（航母所属海军航空兵飞行员）。一般情况下，F-35 飞行装备外着 PMA-202CBR 防护系统（保护飞行员不受化学、生物、辐射伤害的防护系统）。
❶ 附带 HMDS⊖ 功能的头盔（重约 1.5 千克，双层壳体，内置图像及数码投影装置。头盔下方是橡胶材质的防护服）❷ LPU-36 救生衣（救生浮力圈）❸ CB 服（NBCR 防护服，连体式防护衣）❹ 野外求生工具包 ❺ 数据传输器 ❻ 飞行靴（内着 CB 长筒袜）❼ 耐荷服（气囊式耐荷服，可以帮助飞行员耐受 9 个 G 过载 15 秒）❽ CB 空气过滤芯（飞行期间使用液态氧时可以不用，地面呼吸时必须使用）❾ 氧气面罩（JSA 面罩）

⊖ HMDS：Head Mount Display System 的首字母缩写。